安全生产标语口号汇编

王学军　编著

武汉理工大学出版社
·武　汉·

作 者 简 介

王学军,1975 年 1 月出生,高级工程师。1999 年 7 月,本科毕业于长沙交通学院;2014 年 2 月,工程硕士毕业于石家庄铁道大学。注册一级建造师(公路、市政)、注册安全工程师、注册试验检测工程师、广东省综合专家库桥梁专家。从事隧道施工 10 年、桥梁施工 10 年,曾担任过施工技术员、安全员、部长、项目副经理、项目总工、项目经理、管理部总工等职务,现任中铁十八局集团第三工程有限公司安全监督部经理。

图书在版编目(CIP)数据

安全生产标语口号汇编/王学军编著. -- 武汉：武汉理工大学出版社，2024. 9. -- ISBN 978-7-5629-7218-1

Ⅰ.X93

中国国家版本馆 CIP 数据核字第 2024AY5107 号

项目负责人:严 曾 高 英
责 任 编 辑:严 曾
责 任 校 对:王品品
版 式 设 计:正风图文
出 版 发 行:武汉理工大学出版社
地　　　址:武汉市洪山区珞狮路 122 号
邮　　　编:430070
网　　　址:http://www.wutp.com.cn
经　　　销:各地新华书店
印　　　刷:武汉邮科印务有限公司
开　　　本:787×1092 1/16
印　　　张:10.5
字　　　数:225 千字
版　　　次:2024 年 9 月第 1 版
印　　　次:2024 年 9 月第 1 次印刷
定　　　价:58.00 元

序　言

近年来，国家加大了对安全生产领域的监管力度，更加重视安全生产，无论是从国家法律法规层面，还是从地方政府监管层面，都加大了对发生生产安全事故单位的惩戒力度。企业一旦发生生产安全事故，不但要面临高额的经济处罚，还要面临相关法律法规的制裁，相关责任人在被经济处罚的情况下，同样也面临法律的制裁。"谁敢轻视安全生产，谁就可能倾家荡产""放弃红线的坚守，丢掉安全的重任，企业就会被事故消灭"已成为各行各业、各企事业单位的共识。

为了降低企业发生生产安全事故的概率，实现"零事故、零死亡"目标，需要提高安全生产中最重要因素"人"的安全意识，增加产业工人、管理人员遵守安全规章制度的自觉性和自控力，着力实现"要我安全"向"我要安全，我会安全，我能安全"的转变，形成"人人重视安全生产，人人提升安全素质，人人做好安全工作"的局面，因此，我结合二十几年从事工程项目施工和近五年来负责公司安全监督的工作经验，收集全国各地各行各业在安全生产方面的标语、口号，汇编成册，以便广大从业人员、管理人员、企业领导查询使用，提高广大人民群众的安全意识，更好地防范各类安全事故的发生。

在收集安全生产标语口号过程中，我得到了集团公司领导、公司领导、同事、朋友和家人的大力支持与帮助，在此表示衷心的感谢！

我真诚地希望这本书能让读者有所获、有所得、有所感、有所悟，在一定程度上能起到防范各类生产安全事故发生的作用，降低企业生产安全风险，实现"零事故、零死亡"目标。这是我编著这本书的初衷，是我最大的愿望。

由于个人经历、学识、水平有限，书中难免有不足之处，敬请广大读者给予批评指正。

编　者

安全生产标语口号

用简单、易懂、精练、朴素、直白的语言来表达深刻的道理。

让广大人民群众读得懂、领会到、印象深、记得牢、广传播。

是广大人民群众在安全生产过程中总结的经验教训。

是广大人民群众智慧的结晶，朗朗上口，口口相传。

目　　录

第一篇　安全语录

A

安

1. 安全生产工作必须坚持和加强党的领导。
2. 安全生产是民生大事，一丝一毫不能放松。
3. 安全生产工作必须坚持人民至上、生命至上。
4. 安全生产事关人民福祉，事关经济社会发展大局。
5. 安全生产工作必须坚持安全第一、预防为主、综合治理的方针。
6. 安全和发展是一体之两翼、驱动之双轮。安全是发展的前提，发展是安全的目的。

B

把

1. 把安全生产工作作为重要政治责任。
2. 把新发展理念贯穿国家发展全过程和各领域。
3. 把红线建成铁的制度，让制度规范施工过程。
4. 把人民群众生命安全和身体健康放在第一位。

保

5. 保持安全生产形势持续稳定向好。

C

促

1. 促一方发展，保一方平安。

D

党

1. 党政领导责任、部门监管责任和企业主体责任是安全生产责任链条的重要组成部分。

F

发

1. 发展决不能以牺牲人的生命为代价，这必须作为一条不可逾越的红线。
2. 发展是第一要务，安全是第一责任。
3. 发展是第一要务，安全是永恒主题。

防

4. 防为上，救次之，戒为下。
5. 防汛保平安，合力促发展。

放

6. 放弃红线的坚守，丢掉安全的重任，企业就会被事故消灭。

G

管

1. 管行业必须管安全是每一个行业分内之事，应尽之责。

2. 管行业必须管安全，管业务必须管安全，管生产必须管安全。

J

坚

1. 坚持统筹发展和安全。

2. 坚持人民至上、生命至上。

3. 坚持以人民为中心的安全观。

4. 坚持安全第一、预防为主、综合治理方针。

5. 坚持“人民至上、生命至上”的安全发展理念。

6. 坚持以人民为中心，保障人民群众生命财产安全。

7. 坚持人民利益至上，始终把安全生产放在首要位置，切实维护人民群众生命财产安全。

L

牢

1. 牢记公共安全是最基本的民生的道理。

2. 牢固树立“零事故、零死亡”理念。

3. 牢固树立国家安全观和大安全观。

4. 牢固树立安全发展理念，守住安全生产底线。

5. 牢固树立发展决不能以牺牲安全为代价的红线意识。

6. 牢固树立安全发展理念，确保广大人民群众生命财产安全。

7. 牢牢树立发展不能以牺牲人的生命为代价这个观念。

8. 牢牢绷紧防范安全风险这根弦，确保人民群众生命财产安全。

Q

企

1. 企业负责、行业管理、国家监察、群众监督，确保安全生产。

确

2. 确保人民群众生命安全是我们党治国理政的一项重大任务。

R

人

1. 人民至上，生命至上。
2. 人民利益高于一切，安全责任重于泰山。
3. 人命关天，发展决不能以牺牲人的生命为代价。

S

所

1. 所有企业都必须认真履行安全生产主体责任。

始

2. 始终把安全生产作为民生工程和“一把手”工程抓紧抓牢。

T

统

1. 统筹发展和安全，增强忧患意识，做到居安思危，是我们党治国理政的重大原则。

Y

严

1. 严格落实地方政府安全生产责任。

要

2. 要始终把人民生命安全放在首位。

3. 要以顽强的斗争精神抓安全监管。

4. 要切实抓好安全生产，坚持以人为本、生命至上。

5. 要坚持以人民为中心的发展思想，坚持人民至上，生命至上。

6. 要做到"一厂出事故、万厂受教育，一地有隐患、全国受警示"。

7. 要本着对人民群众负责的精神，强化灾害防范措施，切实保护好人民群众生命财产安全。

8. 要始终把保障人民群众生命财产安全放在第一位，以人民利益为重，以人民安危为念。

Z

增

1. 增强全民防范风险意识，提高社会避险救助能力。

筑

2. 筑牢国家安全屏障。

第二篇　现场安全

A

爱

1. 爱党，敬业，重安全。
2. 爱家就是爱生命，重情更应重安全。
3. 爱妻爱子爱家庭，无视安全等于零。

安

4. 安全高于一切。
5. 安全责任大于天。
6. 安全人做安全事。
7. 安全需要全天候。
8. 安全责任重于泰山。
9. 安全生产，质量第一。
10. 安全生产责任重大。
11. 安全是回家最近的路。
12. 安全责任严禁被悬空。
13. 安全第一，警钟长鸣。
14. 安全第一，防火为先。
15. 安全第一，文明生产。
16. 安全第一，防灾防损。
17. 安全责任，重在落实。
18. 安全生产，利国利民。
19. 安全生产，人人有责。
20. 安全生产，责任在肩。
21. 安全生产，思想先行。

22. 安全生产,重在预防。
23. 安全生产,生活美好。
24. 安全生产,文明施工。
25. 安全生产,幸福你我。
26. 安全生产,以人为本。
27. 安全生产,齐抓共管。
28. 安全先行,平安相随。
29. 安全施工,拥抱平安。
30. 安全施工,消除隐患。
31. 安全施工,警钟长鸣。
32. 安全施工,幸福一生。
33. 安全是天,责任无边。
34. 安全为天,平安是福。
35. 安全在身,家人放心。
36. 安全在心,生命在手。
37. 安全无价,事故无家。
38. 安全通道,生命之门。
39. 安全防范,精细到位。
40. 安不忘危,乐不忘忧。
41. 安全网,挽留生命之网。
42. 安全生产,关乎你我他。
43. 安全带,牵挂着你的平安。
44. 安全是家庭幸福的保证。
45. 安全是幸福生活的起点。
46. 安全是拼搏奋进的基点。
47. 安全保生命,千金比不上。
48. 安全知识,让你化险为夷。
49. 安全生产,打造精品工程。
50. 安全生产,责任重于泰山。
51. 安全生产,生产蒸蒸日上。
52. 安全无小事,警钟应长鸣。
53. 安全无小事,人人皆有责。
54. 安全无小事,守规靠大家。
55. 安全无小事,事故有迹循。

56. 安全无小事，防患于未然。
57. 安全无小事，责任在心中。
58. 安全无小事，生命价更高。
59. 安全不离口，规章不离手。
60. 安全记于心，安全践于行。
61. 安全记在心，平安走天下。
62. 安全靠规章，严守不能忘。
63. 安全你我他，平安靠大家。
64. 安全抛脑后，事故影相随。
65. 安全两天敌，违章和麻痹。
66. 安全天天讲，警钟常常鸣。
67. 安全天天讲，生产有保障。
68. 安全天天讲，隐患时时防。
69. 安全万事兴，麻痹人财空。
70. 安全人人抓，幸福千万家。
71. 安全为人人，平安幸福人。
72. 安全意识强，平安来帮忙。
73. 安全在心间，美满在人间。
74. 安全在心中，生命在手中。
75. 安全出效益，安全促发展。
76. 安全不放松，生产有保障。
77. 安全促发展，生产创辉煌。
78. 安全促生产，生产须安全。
79. 安全是生命，质量要保证。
80. 安全日日好，生产节节高。
81. 安全是根弦，一松就要悬。
82. 安全管理从严，一严到底。
83. 安全、生命、稳定、发展。
84. 安全标识，不要视而不见。
85. 安全是打开幸福宝藏的钥匙。
86. 安全的最大受益者是我们自己。
87. 安全意识，入脑入心，用心用行。
88. 安全之弦一松，人财必定两空。
89. 安全责任悬空，安全生产落空。

90. 安全促进生产，生产必须安全。
91. 安全措施做足，家庭美满幸福。
92. 安全就是效益，安全就是幸福。
93. 安全出于警惕，事故出于麻痹。
94. 安全创造幸福，疏忽带来痛苦。
95. 安全创造未来，品质托起明天。
96. 安全高于一切，责任重于泰山。
97. 安全警示标识，不能视而不见。
98. 安全警钟长鸣，幸福伴你同行。
99. 安全可以演练，生命不能彩排。
100. 安全帽护身宝，作业前要戴好。
101. 安全千金难买，命运自己主宰。
102. 安全始于管理，事故出于麻痹。
103. 安全意识不强，事故隐患来找。
104. 安全意识不强，一年到头白忙。
105. 安全意识不强，会让自己空忙。
106. 安全意识不强，幸福生活茫茫。
107. 安全在你脚下，生命在你手中。
108. 安全在我心中，质量在我手中。
109. 安全在我心中，平安在我手中。
110. 安全在于细心，事故出自大意。
111. 安全伴着幸福，安全创造财富。
112. 安全伴君一生，生命只有一次。
113. 安全是生命线，质量是生命根。
114. 安全无小事，谨慎从高空做起。
115. 安全意识不强就是最大的隐患。
116. 安全帽必须戴，防止坠物伤脑袋。
117. 安全带是个宝，高空作业不能少。
118. 安全带生命带，高空作业都要戴。
119. 安全带生命带，生命延续靠纽带。
120. 安全带平安带，你戴我戴大家戴。
121. 安全带平安带，平安花开幸福带。
122. 安全生产，警钟长鸣，常抓不懈。
123. 安全生产，文明施工。

124. 安全是生命之本，来自于长期警惕。
125. 安全与质量并进，效率与进度同行。
126. 安稳情绪来上岗，耳聪目明识隐患。
127. 安全规程系生命，自觉遵守是保障。
128. 安全操作不马虎，分分秒秒惜生命。
129. 安全从警惕做起，幸福从安全开始。
130. 安全第一记心中，时刻警惕不放松。
131. 安全第一心中记，为己为家为亲人。
132. 安全第一要牢记，挣钱为家为自己。
133. 安全第一是真理，全家不能没有你。
134. 安全第一齐齐抓，质量效率人人夸。
135. 安全第一忘不得，违章作业干不得。
136. 安全警句千万条，安全生产第一条。
137. 安全警钟鸣耳畔，规章制度记心间。
138. 安全警钟日日鸣，平安大道天天行。
139. 安全警钟时常鸣，防范打锣经常敲。
140. 安全法律记心中，安全行为成习惯。
141. 安全红线不能碰，违章违纪不留情。
142. 安全工作无小事，日常管理严要细。
143. 安全工作在一线，基层班组是关键。
144. 安全工作处处讲，消防警钟时时鸣。
145. 安全工作重在抓，事故预防靠大家。
146. 安全教育天天讲，事故隐患日日防。
147. 安全教育应狠抓，分层教育你我他。
148. 安全连着你我他，更连亲人和全家。
149. 安全连着你我他，平安幸福靠大家。
150. 安全连着你我他，防范事故靠大家。
151. 安全生产勿侥幸，麻痹大意真要命。
152. 安全生产莫侥幸，违章操作要人命。
153. 安全生产创效益，违规操作酿祸端。
154. 安全生产年年好，幸福生活步步高。
155. 安全生产年年好，你好我好大家好。
156. 安全生产年年好，幸福美满溢言表。
157. 安全生产人人管，你管我管大家管。

158. 安全生产人人管,事故隐患无处藏。
159. 安全生产人人抓,幸福美满千万家。
160. 安全生产人人抓,平安幸福靠大家。
161. 安全生产人人抓,绩效增长你我他。
162. 安全生产须牢记,出了事故岂儿戏。
163. 安全生产须牢记,莫把生命当儿戏。
164. 安全生产记心间,警钟长鸣保平安。
165. 安全生产要严抓,消灭事故在萌芽。
166. 安全生产走在先,工伤事故不沾边。
167. 安全施工不能忘,家庭支柱靠你扛。
168. 安全施工莫大意,家人嘱咐莫忘记。
169. 安全是朵幸福花,阖家浇灌美如画。
170. 安全是生命之水,违章是事故之源。
171. 安全是颗螺丝钉,一时一刻不能松。
172. 安全是生命之本,违章是事故之源。
173. 安全是效益之本,安全是幸福之源。
174. 安全是发展之本,安全是发展之基。
175. 安全系着你我他,幸福连接千万家。
176. 安全意识大于天,风险防控在手边。
177. 安全意识挂心间,幸福美满洒人间。
178. 安全意识挂心间,保护平安每一天。
179. 安全意识在心中,平平安安过大年。
180. 安全意识人人有,美好生活乐悠悠。
181. 安全意识时刻有,幸福时光伴左右。
182. 安全与遵章同在,平安与幸福相连。
183. 安全与遵章同在,生命与事故无缘。
184. 安全与遵章同在,事故与违章相伴。
185. 安全是一种职责,为己为家为他人。
186. 安全知识要知道,劳保用品要戴好。
187. 安全知识常挂心,隐患事故皆绕行。
188. 安全没有旁观者,大家都是参与者。
189. 安全责任大于天,安全隐患大于山。
190. 安全问题严禁击鼓传花,层层推责。
191. 安全生产必须警钟长鸣、常抓不懈。

192. 安全第一是做好一切工作的试金石。
193. 安全生产应坚持标本兼治、重在治本。
194. 安全是钟，常鸣则耳聪，不鸣则耳聋。
195. 安全是每一个人的责任，需要人人参与。
196. 安全为你送去欢乐，事故给你带来痛苦。
197. 安全是生命的卫士，安全是效益的保障。
198. 安全是生命的基石，安全是欢乐的阶梯。
199. 安全是幸福的保障，治理隐患保障安全。
200. 安全是幸福的保障，安全是幸福的源泉。
201. 安全是幸福的保障，安全是生命的基石。
202. 安全来自长期警惕，事故源于瞬间麻痹。
203. 安全第一贵在行动，预防为主从我做起。
204. 安全第一预防为主，安全责任重于泰山。
205. 安全第一警钟长鸣，疏忽一时悔恨终生。
206. 安全生产警钟长鸣，文明施工常抓不懈。
207. 安全生产警钟长鸣，预防为主安全第一。
208. 安全生产人人有责，遵章守纪保障安全。
209. 安全生产人人有责，防微杜渐警钟长鸣。
210. 安全生产人人有责，做好预防事事平安。
211. 安全生产人人有责，文明施工个个精通。
212. 安全生产始于点滴，平安幸福源于细节。
213. 安全生产不讲安全，事故麻烦就在眼前。
214. 安全意识在我心中，安全生产在我手中。
215. 安全意识得过且过，危险隐患得寸进尺。
216. 安全意识不可淡化，安全思想不可放松。
217. 安全隐患祸害无边，质量隐患遗患无穷。
218. 安全是增产的细胞，隐患是事故的胚胎。
219. 安全作业有备无患，胡干蛮干必生灾难。
220. 安全作业有备无患，事故隐患不找麻烦。
221. 安全不光挂在嘴上，更应时刻记在心上。
222. 安全警句铭记在心，远离危险平安相随。
223. 安全是红线，违章是踩线，踩线必被罚。
224. 安全生产，遵章守法，当好第一责任人。
225. 安全是一种责任，为了企业，更为了自己。

226. 安全没有旁观者，每个人都是安全责任人。
227. 安全生产有法可依、有法必依、执法必严、违法必究。
228. 安全来不得半点马虎，眼睛容不下一粒沙土。
229. 安全就是企业的效益，安全就是家庭的幸福。
230. 安全就是社会的安定，安全就是生命的保证。
231. 安全第一，预防为主，精心操作，杜绝违章。
232. 安全生产，警钟长鸣，违章作业，人人自危。
233. 安全生产，人人有责，遵章守纪，保障安全。
234. 安全生产，人人有责，以精立业，以质取胜。
235. 安全生产，毫不放松，侥幸一时，悔恨终生。
236. 安全在身，家人放心，安全疏忽，苦难缠身。
237. 安全一松，全线告终，牢记安全，万事成功。
238. 安全编织幸福的花环，违章酿造悔恨的苦酒。
239. 安全和效益结伴而行，事故与损失同时发生。
240. 安全是职工的生命线，职工是安全的负责人。
241. 安全生产，重于泰山，从细节做起，共建平安。
242. 安全就是生命，安全就是发展，安全就是效益。
243. 安全无小事，责任重如山，防微杜渐，警钟长鸣。
244. 安全是你我共同的责任，平安是你我共同的心愿。
245. 安全是幸福家庭的保证，事故是人生悲剧的祸根。
246. 安全是对自己生命负责，预防是对大家生命负责。
247. 安全就是效益，平安就是幸福，生产再忙安全不忘。
248. 安全生产，生产蒸蒸日上；文明建设，建设欣欣向荣。
249. 安全管理不能说起来重要，做起来次要，忙起来不要。
250. 安全人人抓，幸福千万家；安全天地宽，国泰人民安。
251. 安全在我心中，质量在我手中，遵章守纪，杜绝违章。
252. 安全是生命，冒险是拼命，违章是玩命，蛮干不要命。
253. 安全稳定工作连着千家万户，宁可百日紧，不可一日松。
254. 安全施工千万莫忘亲人嘱托，平安幸福是家人永久的期盼。
255. 安全好，企业兴，我富我荣；安全差，企业亏，我贫我耻。
256. 安全生产关系到企业的兴衰存亡，关系到每一个家庭的幸福安宁。
257. 安全就是效益，安全就是福利，安全就是幸福，安全就是一切。
258. 安全红花开在遵纪守法的枝头，事故恶果结在违章蛮干的心头。
259. 安全警句千条万条，安全生产第一条；千计万计，安全教育第一计。

260. 安全生产只有起点，没有终点，想安全事，上安全岗，做安全人。

261. 安全生产你管我管大家管才安全，事故隐患你查我查人人查方平安。

262. 安全第一，我要安全，安全为我，互让半步，处处通途，平安是福。

263. 安全是生产的基石，安全是幸福的阶梯，安全是劳动者生命的保护神。

264. 安全生产莫侥幸，发生事故丢性命；要想平安促生产，提高意识除隐患。

265. 安全帽保护我的头部，安全鞋保护我的脚部，安全带保护我的全部，反光衣警示我的存在。

266. 安全生产“十不准”：班前班中酒不喝，不靠机器把衣脱，不穿拖鞋高跟鞋，不许光背打赤膊，帽子衣服穿戴好，不准随地把水泼，上班不把孩子带，雨衣雨伞不乱搁，不准追跑和打闹，灭火器材莫乱挪。

267. 安全生产“八安八险”：以遵章守纪为安，以违章蛮干为险；以防微杜渐为安，以心存侥幸为险；以谦虚谨慎为安，以逞强好胜为险；以现场整洁为安，以器具杂乱为险；以精力集中为安，以心神不定为险；以事前预防为安，以事后抢救为险；以劳保齐全为安，以麻痹大意为险；以严格要求为安，以松松垮垮为险。

268. 安全“三字经”：安全经，要记清；利国家，企业兴。搞建筑，安全行；当经理，责任重。安全员，职权明；严规章，树典型。查安全，勤又严；见违章，必纠正。招民工，要培训；特种工，要持证。施工中，小心火；动明火，要申请。上班前，勿饮酒；个人好，好家庭。安全帽，要戴正；安全带，救人命。架子工，严规程；探头板，要固定。脚手架，不攀登；货运梯，人不乘。清垃圾，勿乱扔；防砸人，勤叮咛。洞与坑，标识清；临边外，不前行。装电器，合规程；保护器，千万灵。遇雷雨，低处停；吊臂下，禁通行。操作面，活完清；防噪声，重环境。进现场，要文明；讲道德，重友情。身不适，要谨慎；上高空，万不能。炊事员，先体检；进厨房，严规定。口渴时，不乱饮；生和熟，要分清。宿舍内，要清洁；地勤扫，门窗净。灭四害，讲卫生；自保健，防疾病。遵规章，纪严明；除隐患，保生命。抓安全，心要恒；警示弦，要紧绷。

B

把

1. 把握安全，拥有明天。

2. 把外事当家事，时刻警醒自己。

3. 把安全带上岗，把幸福带回家。

4. 把安全带上岗，把金钱带回家。

5. 把安全带上岗，把平安带回家。

6. 把安全带上岗，一切工作都得奖。
7. 把安全放在心中，把幸福握在手中。
8. 把好安全防火关，有备无患保平安。
9. 把每天的安全记在心里，将一生的平安留给自己。
10. 把每天的安全记在心里，将甜蜜的幸福留给家人。

班

11. 班前讲安全，隐患少一半。
12. 班前讲安全，全年挣大钱。
13. 班前讲安全，思想添根弦。
14. 班前莫喝酒，集中精力走。
15. 班前莫喝酒，喝酒莫上班。
16. 班前常自检，事故可避免。
17. 班前常自检，风险可降减。
18. 班前二两酒，嫌命活太久？
19. 班前讲安全，为了安全少麻烦。
20. 班前讲安全，集中精神少麻烦。
21. 班前讲安全，重点讲解隐和患。
22. 班组长领头羊，带领工友遵规章。
23. 班组长领头羊，安全做好戴勋章。
24. 班组长领头羊，安全大事多想想。
25. 班组长领头羊，安全预防早着想。
26. 班组长领头羊，安全措施要细想。
27. 班组长领头羊，安全总结多想想。
28. 班前预想班中防，事故苗头难漏网。
29. 班前预想班中防，班后总结时时防。
30. 班前预想班中防，安全总结要提倡。
31. 班前预想班中防，事故隐患无处藏。
32. 班前预想班中防，事事预防早着想。
33. 班前预想班中防，平安下班把梦想。
34. 班前莫喝酒，一生平安幸福天长地久。
35. 班前喝酒，醉意上头，事故麻烦向你招手。
36. 班前饮酒，摇头晃脑，独木桥上走，危险！
37. 班前饮酒，头重脚轻，高空临边走，危险！

绊

38. 绊人的桩不在高，违章的事不在小。

保

39. 保证安全一秒钟，年年平安幸福中。
40. 保护管道安全，就是保护生命安全。
41. 保护管道创造和谐，破坏管道依法严惩。

爆

42. 爆破风险大，平安日月长。

必

43. 必须穿防护服。
44. 必须穿防护鞋。
45. 必须戴防护帽。
46. 必须系安全带。
47. 必须戴防护耳罩。
48. 必须戴防护口罩。
49. 必须戴防毒面具。
50. 必须戴防护手套。
51. 必须佩戴防护眼镜。
52. 必须坚持安全第一，严禁野蛮施工。
53. 必须坚持安全第一，严禁冒进蛮干。

别

54. 别用鲜血换教训，应借教训免血泪。

不

55. 不怕一万，只怕万一。
56. 不怕千日紧，只怕一时松。
57. 不留下遗憾，不放过隐患。
58. 不留下遗憾，不放过细节。
59. 不留下遗憾，不放过失误。

60. 不留下遗憾，不忘记教训。
61. 不留下遗憾，不忘记安全。
62. 不懂莫逞能，事故不上门。
63. 不留下遗憾，留住平安的幸福。
64. 不留下遗憾，创造平安的工地。
65. 不打架，伤别人，伤自己，伤钱财。
66. 不闹事，走程序，用法律，保权益。
67. 不当英雄争好汉，野蛮施工回家难。
68. 不讲安全野蛮干，一年到头要白干。
69. 不讲安全野蛮干，赶工赶期要白干。
70. 不讲安全野蛮干，冒进难保安全关。
71. 不讲安全野蛮干，留下事故隐和患。
72. 不讲安全野蛮干，发生事故真麻烦。
73. 不讲安全野蛮干，平安幸福难召唤。
74. 不讲安全野蛮干，后患无穷留隐患。
75. 不讲安全野蛮干，麻烦事故围你转。
76. 不绷紧安全的弦，就留不住宝贵的命。
77. 不绷紧安全的弦，就赚不了无数的钱。
78. 不绷紧安全的弦，就达不到人生的峰。
79. 不绷紧安全的弦，就奏不出动人的曲。
80. 不绷紧安全的弦，就唱不出动听的歌。
81. 不绷紧安全的弦，就享不了平安的福。
82. 不绷紧安全的弦，就会冒事故带来的险。
83. 不绷紧安全的弦，就会吃事故带来的苦。
84. 不绷紧安全的弦，就会受事故带来的罪。
85. 不绷紧安全的弦，就会流事故带来的泪。
86. 不忘初心众志成城，牢记使命群防群控。
87. 不放松警惕，不麻痹大意，不放过任何一个隐患。
88. 不信邪，走正道，不侥幸，重安全，不推诿，勇担当。
89. 不吵架，讲道理，不打架，重和谐，不闹事，走程序。
90. 不闹事，走程序，用法律，当武器，保权益，合法规。
91. 不怕脏，不畏苦，保安全，促进度，披星戴月，风雨无阻。
92. 不得在不具备安全存放条件的场所存放民用爆炸物品。
93. 不安全行为是一种危险行为，可能伤害自己和他人。

94. 不安全因素“十字诀”：业务生疏，管理混乱，生；麻痹大意，主观臆断，臆；思想走私，规章忘净，忘；一时兴来，蛮干瞎干，蛮；习惯声音，执迷不悟，习；粗枝大叶，挂一漏万，粗；迷糊打盹，玩忽职守，迷；准备不足，心慌意乱，慌；只图省事，偷工减料，懒；早有隐患，视而不见，患。

百

95. 百年大计质量先，安全生产记心间。

八

96. 八种违章心理：违章时的侥幸心理，违章时的省事心理，违章时的省时心理，违章时的无知心理，违章时的好奇心理，违章时的冒险心理，违章时的从众心理，违章时的逆反心理。

辨

97. 辨别违章，纠正违章，防止违章。

98. 辨识控制危险源，消除习惯性违章。

C

操

1. 操作在高处，相互要提醒。

2. 操作在高处，戴帽还戴安全带。

3. 操作在高处，穿戴整齐安全带。

4. 操作在高处，高挂低用安全带。

5. 操作在高处，安全指挥要到位。

6. 操作之时顾左右，相互提醒够朋友。

7. 操作规程要遵守，谁不遵守谁受罚。

8. 操作规程条款多，不可简化省步骤。

9. 操作规程条款好，遵守条款少不了。

10. 操作规程条款好，用心操作麻烦少。

层

11. 层层负责，人人有责，各负其责。

查

12. 查一遍隐患，纠一遍违规，成一种习惯。
13. 查患纠违从我做起，行为安全时刻牢记。
14. 查患纠违从我做起，遵章守规时刻牢记。
15. 查患纠违从我做起，认真履行安全职责。
16. 查患纠违从我做起，勇担安全生产责任。
17. 查患纠违从我做起，人人认真个个到位。
18. 查患纠违从我做起，查一遍让隐患暴露。
19. 查患纠违从我做起，纠一遍让违规显形。
20. 查患纠违从我做起，查得彻底纠得到位。

秤

21. 秤砣不大压千斤，安全帽小救人命。
22. 秤砣不大压千斤，安全系着你我他。
23. 秤砣不大压千斤，双手虽小托全家。
24. 秤砣不大压千斤，安全重担胜千金。

持

25. 持证操作：特殊工种要资格，无操作证莫操作；无证上岗胡乱干，迟早给您惹大祸；全体职工要牢记，安全生产是第一；遵章守纪勤学习，生产发展有效益。

抽

26. 抽一块砖头倒一堵墙，松一颗螺丝断一根梁。

出

27. 出门挣钱不容易，安全千万要注意。
28. 出门挣钱不容易，背井离乡平安归。
29. 出门挣钱不容易，妻儿期盼平安归。
30. 出门挣钱不容易，天天平安才能归。
31. 出门挣钱不容易，心中要装安全事。
32. 出门挣钱不容易，莫因安全出了事。
33. 出门挣钱不容易，挣钱莫忘安全事。
34. 出入高空，要记心中，安全重于一切，自我保护为先。

处

35. 处处警惕危险,时时注意安全。
36. 处处警惕危险,事事保证安全。
37. 处处警惕危险,人人保证平安。
38. 处处警惕危险,人人都懂应急。
39. 处处注意安全,岁岁阖家团圆。
40. 处处注意安全,岁岁平安团圆。
41. 处处讲安全,人人想安全,事事为安全,个个懂安全。

传

42. 传播安全文化,宣传安全知识。
43. 传播安全文化,领会安全精神。
44. 传播安全文化,传承安全精神。
45. 传播安全文化,弘扬安全精神。
46. 传播安全文化,点燃安全明灯。
47. 传播安全文化,照亮安全人生。
48. 传播安全文化,指明安全道路。
49. 传播安全文化,把握安全命脉。
50. 传播安全文化,把握安全方向。
51. 传播安全文化,守住安全阵地。
52. 传播安全文化,筑牢安全防线。
53. 传播安全文化,创建安全氛围。
54. 传播安全文化,传承工匠精神。
55. 传播安全文化,铸造精品工程。
56. 传播安全文化,创建平安工地。
57. 传播安全文化,树立文明风尚。
58. 传播安全文化,抵制不良风气。

船

59. 船漏莫远航,人病别逞强。
60. 船到江心补漏迟,事到临头后悔晚。
61. 船到江心补漏迟,万事预判安全先。

创

62. 创建平安工地，建设放心工程。
63. 创建平安工地，建设优质工程。
64. 创建平安工地，构建和谐社会。
65. 创造平安工地，营造安全环境。
66. 创造一个良好的安全生产环境。
67. 创新安全监督模式，推行常态化安全督查。
68. 创建零事故平安工地，狠抓安全生产不放松。
69. 创放心工程为人民服务，打安全隧道为人民负责。
70. 创精品工程为人民服务，造安全桥梁为人民负责。
71. 创名牌工程为企业争光，建优质工程为社会负责。

聪

72. 聪明一世平安一生，糊涂一时悔恨终身。
73. 聪明一世平安一生，糊涂一时酿成事故。
74. 聪明人事事考虑安全，糊涂者时时置于危险。
75. 聪明人把安全放首位，失败者把安全置脑后。
76. 聪明人先考虑自身安全，糊涂者使自己置于危险。
77. 聪明人事半功倍注重安全，糊涂者事倍功半罔顾安全。

粗

78. 粗心大意难成事，安全周到事如意。
79. 粗心大意难安全，细心周到平安回。
80. 粗心是事故的温床，马虎是安全的障碍。
81. 粗心是事故的温床，细心是安全的保障。
82. 粗心是事故的朋友，细心是安全的益友。
83. 粗心是事故隐患的温床，马虎是安全航道的暗礁。
84. 粗心是事故隐患的朋友，马虎是安全施工的敌人。
85. 粗心大意是事故的温床，为了安全须三思而后行。

穿

86. 穿戴要正确，防护要全面。

D

打

1. 打架伤人又伤己，赔人钱财毁名誉。
2. 打工在外不容易，要把安全放第一。
3. 打工在外不容易，平安回家才团圆。
4. 打工在外不容易，平安回家笑开颜。
5. 打工在外不容易，莫把生命不当事。
6. 打架伤人伤己伤钱财，遇事思人思己思后果。
7. 打造安全生产主力军，争做安全生产主心骨。
8. 打好安全生产百日攻坚战，上下一心全力迎战。
9. 打好安全生产百日攻坚战，守住底线全力迎战。
10. 打好安全生产百日攻坚战，同心同德全力迎战。
11. 打好安全生产百日攻坚战，你战我战大家参战。
12. 打好安全生产百日攻坚战，守住安全生产全年丰硕果。
13. 打造专业能力强、业务素质高、作风过得硬的安全监管队伍。

大

14. 大家的安全，靠大家来维护。
15. 大干不等于蛮干，攻坚不忘记安全。
16. 大干不等于蛮干，攻坚要按照安全方案。
17. 大干不等于蛮干，快上不忘记安全。
18. 大小工程一个样，保安全保质量。
19. 大小工程一个样，安全要求不变样。
20. 大干快上争当先锋，优质安全最光荣。
21. 大干快上争当先锋，保安全保质量。
22. 大干快上争当先锋，安全拼搏好作风。
23. 大力开展强基行动，坚决遵守规章制度。
24. 大力开展强基行动，践行良好遵纪行为。
25. 大力开展强基行动，树立良好遵纪风气。
26. 大力提升管理水平，强抓施工现场安全。
27. 大力提升管理水平，夯实安全管理基础。

28. 大力提升管理水平，坚守安全管理底线。
29. 大力提升管理水平，保安全保质量保工期。
30. 大力开展强基行动，保证安全生产顺利进行。

戴

31. 戴安全带，高挂低用。
32. 戴好安全帽，防止碰撞伤脑袋。
33. 戴好安全帽，防止高空坠物伤脑袋。
34. 戴安全帽，穿防护服，穿防滑鞋，戴防护手套，上班必戴四件套。

担

35. 担起安全责任，履行安全义务。
36. 担起安全重担，履行岗位职责。
37. 担起安全重担，履行个人义务。
38. 担当作为铸忠诚，安全实干增效益。
39. 担当作为尽职责，保证安全创一流。
40. 担当作为尽职责，保安全保质量。
41. 担当作为尽职责，保安全保工期。
42. 担当作为尽职责，保证安全增效益。
43. 担起企业发展重担，履行企业安全义务。
44. 担起企业发展重担，践行企业安全承诺。
45. 担重任，履职责，践承诺，负责任，保安全。

当

46. 当心机械伤人。
47. 当心有害气体。
48. 当心高空坠物。
49. 当心坠落，注意脚下。
50. 当模范争先进，争当安全卫士。
51. 当心扎脚，禁止堆放，禁止攀登。
52. 当心碰头；当心坠物；当心滑倒；当心脚下；当心滚石；当心临边；当心火烛；当心火灾；当心路滑；当心水坑；当心坑洞；当心爆炸；当心触电；当心溜车；当心受骗；当心砸伤；当心扎伤；当心坠落；当心中毒；当心高温；当心电缆；当心吊物；当心腐蚀；当心火车；当心激光；当心落物；当心伤手；当心烫伤；当心扎脚；当心绊倒。

党

53. 党政团结，共筑平安工地。

54. 党政同责，共建平安工地。

55. 党员是标杆，尽心履职保平安。

56. 党员是标杆，爱岗敬业保平安。

57. 党员是先锋，安全岗位我当先。

点

58. 点滴安全小事，不要不当回事。

59. 点滴安全小事，处处危险大事。

60. 点燃希望的梦想，筑就安全的长廊。

61. 点燃希望的梦想，建造安全的隧道。

62. 点燃安全意识的火种，驱散黑暗中的隐患。

63. 点燃安全意识的火种，成就梦想中的希望。

64. 点燃激情燃烧的岁月，呵护安全意识的火种。

65. 点滴安全小事，有可能成为你悔恨终生的大事。

动

66. 动火作业有人防，谨防火花要四绽。

67. 动火作业莫违章，谨防火花引火灾。

68. 动火证没批准，严禁动火；不与生产系统隔离，严禁动火；不进行清洗，置换合格，严禁动火；不把周围易燃物清除，严禁动火；不做动火分析，严禁动火。

洞

69. 洞口危险，注意安全，严禁攀爬。

杜

70. 杜绝违章，珍惜生命。

71. 杜绝违章指挥，杜绝违章作业。

72. 杜绝安全意识疲劳，绷紧安全这根弦。

73. 杜绝非法制造、买卖、赠送、藏匿、乱丢乱放、违反爆破物品管理的行为。

对

74. 对于企业安全稳定才能促发展，对于家庭你若安好那便是晴天。

75. 对自己的安全，我责无旁贷；对企业的安全，我义无反顾；对他人的安全，我有监督和帮助的责任，我有提醒和制止的义务。

多

76. 多一份防范，多一份安全。

77. 多看多防多检，莫违莫乏莫闲。

78. 多一份安全思想，就少一份事故隐患。

79. 多一份安全思想，就少一件安全事故。

80. 多看一眼，安全保险，多防一步，不出事故。

81. 多看一眼，安全自来，多看一步，心中有数。

82. 多一份责任，少一份失误；多一份嘱托，少一份懈怠。

E

儿

1. 儿在家，盼父安，能回家，过好年。

2. 儿行千里母担忧，更有妻儿在后头，安全疏忽遭了难，全家老小泪空流。

二

3. 十九种不安全人：违章作业大胆人，手忙脚乱急性人，初出茅庐年轻人，冒失鲁莽勇敢人，盲目侥幸麻痹人，难事缠身忧郁人，固执己见怪癖人，变换工种改行人，盲从指挥糊涂人，投机取巧大能人，急于求成草率人，追求任务近利人，力不从心体弱人，吊儿郎当马虎人，不愿出力烦心人，休息欠佳疲劳人，冒险蛮干危险人，满不在乎粗心人，满腹牢骚气愤人。

F

发

1. 发现事故隐患，必须立整立改。

2. 发现问题马上报,及时处理要做好。
3. 发扬拼搏精神,打造一流安全工程。
4. 发生中暑别慌张,通风降温最重要。

防

5. 防微杜渐,警钟长鸣。
6. 防范事故,警钟长鸣。
7. 防洪防汛,人人有责。
8. 防微杜渐胜于亡羊补牢。
9. 防微杜渐是安全的根本。
10. 防范事故,从我做起,人人有责。
11. 防护用品不可少,发生事故不得了。
12. 防微杜渐事故少,警钟长鸣心自安。
13. 防护加警惕保安全,无知加大意必危险。
14. 防止习惯性违章,消除诱发事故的温床。
15. 防事故年年平安福满门,讲安全人人健康乐万家。

放

16. 放松安全一时,悔恨人生一世。

分

17. 分分秒秒珍惜生命,时时刻刻注意安全。

奋

18. 奋战一百天,全力保平安。
19. 奋力攻坚保进度,安全施工保质量。

风

20. 风险不在大小,事故不避人群。
21. 风险危害时时想,胜过领导天天讲。

逢

22. 逢人要讲安全,重心更重行。
23. 逢人要讲安全,平安才能回家。

24. 逢会必讲安全，做到入脑入心。

父

25. 父母妻儿牵挂你，安全生产要切记。
26. 父母妻儿牵挂你，遵章守纪要牢记。
27. 父母望您遵章守纪，妻儿盼您毫发无损。

法

28. 法制意识、安全意识、责任意识、标准意识、创新意识。

反

29. 反违章，除隐患，保安全，促生产。

G

感

1. 感觉不安全，莫要强执行。
2. 感觉不安全，检查确定再行动。
3. 感觉疲劳停一停，休息休息再前行。
4. 感觉疲劳要休息，养足精神再前行。
5. 感觉疲劳要休息，磨刀不误砍柴工。
6. 感觉不行要休整，养足精神再前行。
7. 感觉不行要休整，调整身心再前行。

敢

8. 敢于直面安全问题，拿出过硬措施。

高

9. 高处作业，指挥到位。
10. 高处作业，相互提醒。
11. 高处作业，当心坠落。
12. 高处作业，戴帽还戴安全带。
13. 高处作业，防护栏杆安全带。

14. 高处作业,高挂低用安全带。
15. 高处作业,搭好平台再作业。
16. 高处作业,班前教育要到位。
17. 高处有隐患,就怕无防范。
18. 高空作业人员必须佩戴安全带。
19. 高高兴兴上班,平平安安回家。
20. 高空作业危险,安全绳扣腰间。
21. 高处作业危险大,出了事故责任大。
22. 高处作业危险多,穿戴防护用品,不要嫌事多。
23. 高处作业,戴安全帽,戴安全带,安全可靠。
24. 高处作业时,要戴安全帽,绑好安全带,防坠更可靠。

搞

25. 搞好质量管理,增强安全意识。

个

26. 个人安全行为,带动大家守纪。
27. 个人安全防护是安全最后的保障。
28. 个人安全意识的提高,是保障安全的基石。

工

29. 工作勤为先,万事平安首。
30. 工作一分钟,安全六十秒。
31. 工作需兢兢业业,安全要实实在在。
32. 工地不戴安全帽,在拿生命开玩笑。
33. 工地不戴安全帽,丢了生命保护帽。
34. 工地干活要戴帽,平安回家有依靠。
35. 工作为了生活好,安全为了活到老。
36. 工作为了生活好,安全保驾少不了。
37. 工作为了生活好,没有安全好不了。
38. 工欲善其事,必先利其器,优质安全打造精品工程。

共

39. 共创安全工地,共享美好生活。

故

40. 故事有长短，事故一瞬间。
41. 故事有情节，事故有血泪。
42. 故事令人传唱，事故让人警醒。
43. 故事教训是镜子，安全经验是明灯。
44. 故事情节跌宕起伏，事故过程不堪回首。
45. 故事带给大家快乐，事故带给大家教训。
46. 故事中的人物精彩绝伦，事故中的人物扼腕叹息。

关

47. 关注安全，关爱生命。
48. 关注安全，关爱家人。
49. 关注安全，人人把控。
50. 关爱生命，安全发展。
51. 关心他人，关注安全。

规

52. 规范现场作业行为。
53. 规范作业，防火排查。
54. 规范作业，杜绝事故。
55. 规范作业，降低风险。
56. 规范作业，拒绝违章。
57. 规范作业，科学管理。
58. 规范作业，讲究实效。
59. 规范作业，注重安全。
60. 规范管理，确保安全。
61. 规范安全管理，注重落实。
62. 规范安全管理，用心用行。
63. 规范安全管理，重心重行。
64. 规范安全管理，入脑入心。
65. 规范安全管理，实用有效。
66. 规范安全管理，按章做事。
67. 规范安全生产管理，建立安全长效机制。

68. 规范交通执法监管，提高工程质量水平。

69. 规范操作，控制危源，规避风险，杜绝事故。

70. 规程是安全工作的生命，责任是安全工作的灵魂。

71. 规范安全管理，增强安全意识，提高综合素质，保障安全生产。

72. 规范员工安全行为，提高员工安全意识，加强员工防范能力，增强员工安全责任。

岗

73. 岗位危害我识别，我的安全我负责。

H

寒

1. 寒霜偏打无根草，事故专找懈怠人。

喝

2. 喝酒伤身，气大伤心，班前莫喝酒，幸福跟着走。

狠

3. 狠抓安全管理，打造平安工地。

红

4. 红花要与绿叶配，安全孤掌实难鸣。

患

5. 患生于所忽，祸起于细微。

黄

6. 黄泉路上无老少，违反规章先报到。

黑

7. 黑夜和白天一个样，坏天气和好天气一个样，领导在与不在一个样，有没有人检查一个样。

弘

8. 弘扬生命至上、安全第一的思想。

互

9. 互让半步,处处通途,步步小心,平安是金。

J

忌

1. 忌盲目操作,不懂装懂。
2. 忌马虎操作,粗心大意。
3. 忌急躁操作,顾此失彼。
4. 忌程序不清,次序颠倒。
5. 忌单一操作,监护不力。
6. 忌有章不循,衷于蛮干。
7. 忌不分主次,不分缓急。
8. 忌情绪波动,带入工作。
9. 忌麻痹大意,轻视隐患。
10. 忌规程不落实,说是说来做是做。
11. 忌遇事乱指挥,不顾安全蛮干活。
12. 忌有错顾脸面,违章行为怕人说。
13. 忌干活想自己,上下左右不配合。
14. 忌安全无措施,冒险蛮干事故多。
15. 忌习惯性操作,安全观念太淡薄。
16. 忌责任不落实,发生事故乱推脱。
17. 忌检查留死角,隐患不除终是祸。
18. 忌小事不上报,酿成大祸不得了。
19. 忌领导当好人,管理考核不严格。

记

20. 记住山河不迷路,记住规章防事故。

加

21. 加强防火管理，拒绝违章动火。

家

22. 家庭幸福心里装，不踩红线不违章。
23. 家庭支柱靠你扛，安全施工不能忘。
24. 家庭幸福靠你撑，你的安全家人望。

坚

25. 坚决打击习惯性违章。
26. 坚决避免带隐患施工。
27. 坚持安全发展，共建平安工地。
28. 坚决杜绝侥幸心理和麻痹思想。
29. 坚决打击偷工减料、以次充好、弄虚作假等危及安全的行为。
30. 坚持安全第一，就是对自己生命负责，对企业负责，对家庭负责。

见

31. 见了违章严批评，道是无情却有情。
32. 见了违章不批评，害人害己伤不起。
33. 见火不救火烧身，有章不循祸缠身。

建

34. 建设优质工程，打造安全品牌。

讲

35. 讲文明话，办文明事；做文明人，建文明城。

匠

36. 匠心细琢，打造平安百年品质工程。

骄

37. 骄傲自满是事故的导火线，谦虚谨慎是安全的铺路石。

金

38. 金钱能买到教训，却买不了生命。
39. 金贵银贵生命最贵，千好万好安全最好。
40. 金钱有价，生命无价；为了自己，为了他人，请你遵守安全规章。

进

41. 进入施工路段，请注意安全。
42. 进入施工现场，戴好安全帽。
43. 进入施工现场，必须遵守安全规范。
44. 进入工地要戴安全帽，高处作业要系安全带。

禁

45. 禁止倚靠。
46. 禁止堆放。
47. 禁止合闸。
48. 禁止靠近。
49. 禁止攀登。
50. 禁止停留。
51. 禁止饮用。
52. 禁带火种。
53. 禁止戴手套。
54. 禁止放鞭炮。
55. 禁止吊篮乘人。
56. 禁止吸烟，注意防火。
57. 禁止穿越危险地带，违者重罚。
58. 禁止外借和出售易燃易爆物品。

今

59. 今天工作不安全，明天生活没保障。

精

60. 精准爆破，安全至上。
61. 精心操作，遵章守纪。

62. 精细施工保质量,消除隐患保安全。
63. 精心施工创优质,安全操作求质量。
64. 精心组织,安全施工,建市民满意工程。

警

65. 警钟长鸣,落实管理。
66. 警惕安全在,麻痹事故来。
67. 警钟鸣不断,人人保平安。
68. 警钟长鸣抓安全,积极防范保平安。

镜

69. 镜子不擦拭不明,事故不分析不清。

举

70. 举安全之盾,防事故之患。
71. 举安全之盾,铺平安大道。
72. 举安全之盾,托幸福之花。

拒

73. 拒绝违章操作,保护生命安全。

居

74. 居安思危,时时留心,处处顺心。
75. 居安思危除隐患,保障安全谋发展。
76. 居安思危除隐患,预防为主保安全。
77. 居安思危危自小,防治隐患患自消。

K

开

1. 开开心心上班,平平安安回家。

靠

2. 靠近栏杆,禁止倚靠。

3. 靠近临边,禁止旁站。

L

牢

1. 牢记安全千家乐,遵章守纪万家福。
2. 牢记安全于心间,幸福永伴你身边。

懒

3. 懒惰必然贫困,勤劳才会富有,安全才能使你拥有幸福。

力

4. 力戒违章,保证安全。

了

5. 了解安全知识,掌握安全技能。
6. 了解安全知识,判别安全隐患。
7. 了解安全知识,辨识安全风险。
8. 了解安全隐患,找到排除措施。

临

9. 临边危险,严禁靠近。

留

10. 领导带班,值班值守。
11. 领导干部要敢于担当,勇于负责。

领

12. 领导检查是关爱,认真对待去整改。

M

麻

1. 麻痹大意必然会痛悔终生。

2. 麻痹屡致事故，预防长保安全。
3. 麻痹是最大的隐患，失职是最大的祸根。
4. 麻痹是事故的朋友，细心是安全的益友。
5. 麻痹大意处处有陷阱，谨慎小心步步是坦途。

马

6. 马虎是安全航道的暗礁，安全不能指望事后诸葛。

埋

7. 埋头肯干创效，安全警钟长鸣。

蛮

8. 蛮干是走向事故深渊的第一步。

冒

9. 冒险是事故之友，谨慎为安全之本。

每

10. 每次出发，平安回家。
11. 每个人都是自身安全的第一责任人。

美

12. 美好生活，平安相伴。
13. 美好的生活从文明开始，成功的未来从安全起步。

N

闹

1. 闹事风险高又大，于事无补责任大。
2. 闹事风险高又大，走正道是唯一出路。

内

3. 内实外美，独具匠心，安全生产。

4. 内外有别，尽职免责，失职追责。

你

5. 你的安全靠你自己来维护。
6. 你安全，我安全，大家才安全。
7. 你的平安是对家人最好的爱。
8. 你对违章讲人情，事故对你不留情。
9. 你重视，我参与，安全生产一起抓；齐努力，共谋划，生产安全靠大家。

年

10. 年年岁岁抓安全，岁岁年年保平安。
11. 年年岁岁日新月异，岁岁年年安全幸福。

宁

12. 宁绕百丈远，不冒一步险。
13. 宁可百日紧，不可一日松。
14. 宁为安全操心，不让亲人伤心。
15. 宁可听到骂声，不愿听到哭声。
16. 宁可停工停产，决不违章蛮干。
17. 宁愿事前检查，不可事后返工。
18. 宁烦十次保安全，不图省事去冒险。
19. 宁为安全操碎心，不让事故来害人；走人生安全之路，从文明施工起步。
20. 宁为安全受累，不为事故流泪；查患纠违从我做起，行为安全时刻牢记。

P

平

1. 平平安全回家，高高兴兴上班。
2. 平安是福，违章是祸，安全是企业的最大效益，也是员工的最大福利。

凭

3. 凭侥幸，要大胆，出了事故终后悔。

Q

齐

1. 齐抓共管形成合力。

2. 齐心协力,共谋安全发展。

3. 齐努力,共谋划,安全生产靠大家。

祈

4. 祈求上天保佑,不如自我保护。

气

5. 气泄于针孔,祸始于违章。

七

6. 七步法(行为安全):一是岗前安全一分钟;二是自我安全两不忘;三是他人安全一提醒;四是环境安全两步走;五是合理建议一奖励;六是应急得当两迅速;七是工完场清一扫除。

千

7. 千忙万忙,安全不忘。

8. 千算万算,没有安全,一切白算。

9. 千忙万忙,出了事故,一切白忙。

10. 千忙万忙出了事故白忙,千苦万苦受伤害者最苦。

11. 千条万条,安全生产第一条;千计万计,安全教育第一计。

前

12. 前方施工,减速慢行。

13. 前方有车辆出入,请注意安全。

14. 前方路基施工,非本单位车辆禁止驶入。

巧

15. 巧干加实干,不安全不能干。

16. 巧干带来安全，蛮干招来祸端。

强

17. 强管理，抓机遇，抢时间，重安全，严质量，快进度，实现大干一百天节点目标。

抢

18. 抢工期，重质量，保安全，创造高效益。

勤

19. 勤测量预警钟，细测量指路明。

求

20. 求快不求好，事故常来找。
21. 求真务实讲安全，大干快上提效率。

区

22. 区域固定，人员固定，安全标准统一，责任明晰。

全

23. 全力生产，注意安全。
24. 全员主动履职，全员主动担责。

确

25. 确保安全生产，减少施工事故。
26. 确保生产安全，严禁违章作业。

缺

27. 缺乏安全知识的人，像事故一样可怕，甚至比事故更可怕。

群

28. 群策群力科学管理，戒骄戒躁杜绝事故。
29. 群策群力创建卫生城市，同心同德打造安全工地。

企

30. 企业的安全决定了每个员工的收入。

R

让

1. 让安全发展理念深入人心。
2. 让责任与安全同在，让青春与安全同行。
3. 让习惯把你变得安全，让安全成为一种习惯。
4. 让安全意识入脑入心。

热

5. 热爱工作，保护自己，爱护家人。

人

6. 人人有责，人人负责。
7. 人生在世，平安是福。
8. 人生梦想，安全要讲。
9. 人命关天，安全为先。
10. 人生道路，安全先行。
11. 人生道路，安全保护。
12. 人生所求，平安与幸福。
13. 人人讲安全，个个会应急。
14. 人人讲安全，处处要安全。
15. 人人讲安全，安全为人人。
16. 人人讲安全，家家保平安。
17. 人人保安全，效益往上翻。
18. 人人注意安全，个个家庭幸福。
19. 人人关注安全，个个关爱生命。
20. 人人防火防灾，家家平安快乐。
21. 人人把好安全关，处处设防隐患少。
22. 人人把好安全关，处处预防保平安。
23. 人人把好防火关，有备无患保安全。
24. 人生就像一场戏，没有安全就没戏。
25. 人生就像一场戏，出了事故就没戏。

26. 人人事事讲安全，事事人人保平安。
27. 人生没有回头路，世上不卖后悔药。
28. 人生没有回头路，安全生产须小心。
29. 人人关心安全生产，人人参与安全管理。
30. 人人讲安全，个个会应急——畅通生命通道。
31. 人的行为不安全是目前最突出的风险隐患。
32. 人最宝贵，安全第一，我要安全，安全为我。
33. 人人、处处、事事、时时都要把安全放在首位。
34. 人人讲安全，事事为安全，时时想安全，处处要安全。
35. 人人讲安全，个个会应急，深入开展“安全生产月”活动。

容

36. 容忍他人违章，等于谋财害命。
37. 容忍他人违章，害他人终害己。
38. 容忍危险等于作法自毙，谨慎行事才能安然无恙。

入

39. 入海之前先探风，上岗之前先练功。

S

思

1. 思想走了神，事故瞬间生。
2. 思想松一松，事故攻一攻。

山

3. 山间有落石，请正确佩戴安全帽。

上

4. 上班多留神，平安最开心。
5. 上班多留神，平安来敲门。
6. 上班多留神，你是安全人。
7. 上班一走神，事故敲你门。

8. 上班不喝酒，喝酒不上班。
9. 上班不喝酒，喝酒常出事。
10. 上方施工，注意落石，观察通过。
11. 上有老，下有小，平安幸福才最好。
12. 上有老，下有小，万事小心最重要。
13. 上有老，下有小，你是脊梁不能倒。
14. 上有老，下有小，出了事故不得了。
15. 上班如同上火线，粗心大意有危险。
16. 上班之前不喝酒，互相提醒够朋友。
17. 上好开工第一课，把好安全第一关。

身

18. 身在警戒外，行走安全内。
19. 身在异乡打拼，挣钱平安放心。
20. 身在心在，做事专一，安全第一。
21. 身在异乡为异客，每逢佳节平安归。
22. 身处危险，冷静思考，保命为上，迅速逃离。
23. 身在危险境，心却不在意；真若出事故，悔恨来不及。

生

24. 生产工作，勿忘安全。
25. 生产再忙，安全不忘。
26. 生命无价，安全来保。
27. 生命至上，安全发展。
28. 生命至上，预防为主。
29. 生产秩序乱，事故到处钻。
30. 生命诚可贵，安全大于天。
31. 生命是棵树，安全是沃土。
32. 生命最可贵，安全第一位。
33. 生命在心中，安全在手中。
34. 生命大于天，责任重于山。
35. 生产零事故，幸福零距离。
36. 生产莫违章，安全有保障。
37. 生命无法重来，预防不留悔恨。

38. 生命只有一次，没有下不为例。

39. 生命至高无上，安全保驾护航。

40. 生命只有一次，安全从我做起。

41. 生命只有一次，安全伴随一生。

42. 生命只有一次，安全没有终止。

43. 生命只有一次，安全莫当儿戏。

44. 生命只有一次，安全不容半点错。

45. 生命重于泰山，守住安全底线。

46. 生产必须安全，安全促进生产。

47. 生产原料不放松，后道工序才轻松。

48. 生命不能当儿戏，安全岂能敷衍了事。

49. 生命与安全一线牵，安全与幸福两相连。

50. 生命在于不停运动，安全在于常抓不懈。

51. 生命无价，事故无情，铭记规章，善待生命。

52. 生产再忙，安全不忘，人命关天，安全在先。

53. 生命至上，安全发展，坚守红线，不越底线。

54. 生命只有一次，危险就在一时，安全要记一世。

55. 生产上：重责任，敢担当；安全上：守规矩，讲原则。

56. 生命至高无上，安全责任为天，高高兴兴上班，平平安安回家。

施

57. 施工作业集中精力。

58. 施工车辆，注意安全。

59. 施工现场，闲人免进。

60. 施工现场，请戴好安全帽。

61. 施工现场讲文明，周围居民得安宁。

62. 施工安全不离口，规章制度不离手。

63. 施工安全靠你我，幸福连着大家伙。

64. 施工要牢记安全，安全是生产前提。

65. 施工现场六大纪律：未经培训不上岗；防护用品不能忘；不明机具不使用；未知区域不擅闯；防护缺失不作业；遵守指令不违章。

时

66. 时时想安全，处处要安全。

67. 时时注意安全，处处预防事故。

68. 时时注意安全，处处排除隐患。

69. 时刻敲响安全钟，健康平安保幸福。

70. 时时警惕安全在，放松警惕事故来。

71. 时时处处，识别危害，不给隐患以可乘之机。

72. 时时刻刻把对家人的爱放在心中，做好安全防范。

73. 时时注意，处处留神，安全常在；马马虎虎，松松垮垮，事故就来。

十

74. 十年寒窗，背井离乡，安全才能回乡。

75. 十大不安全心理因素：侥幸、麻痹、偷懒、逞能、莽撞、心急、烦躁、赌气、自满、好奇。

76. 十个易出事：职责不清，易出事；分工不明，易出事；任务不明，易出事；冒险行事，易出事；慌乱之中，易出事；工作收尾，易出事；工作分心，易出事；套路行事，易出事；精神不振，易出事；着急行事，易出事。

使

77. 使命不改，安全不忘。

78. 使命光荣，安全相伴。

79. 使命担当，安全永随。

80. 使命光荣伟大，安全保驾护航。

81. 使命成就精品，安全决定成败。

82. 使命成就辉煌，安全保你平安。

事

83. 事故不留情，安全要先行。

84. 事故不难防，重在守规章。

85. 事故猛如虎，安全贵如金。

86. 事故出于麻痹，安全来于警惕。

87. 事故害人害己，安全利国利民。

88. 事前多检讨，事后少烦恼。

89. 事事落到实处，安全有备无患。

90. 事事注意安全，处处预防事故。

91. 事故隐患不除尽，等于放虎归山林。

92. 事故隐患处处查，安全警钟天天敲。
93. 事故教训是镜子，安全经验是明灯。
94. 事故就在一瞬间，时刻精心保安全。
95. 事故就在一瞬间，安全常抓不懈怠。
96. 事故牵动千万家，安全要靠你我他。
97. 事故后果牢记心中，安全素质不断提升。
98. 事故是有形的浪费，安全是无形的节约。
99. 事故是最大的成本，安全是最大的效益。
100. 事故如虎防范需及早，安全为天措施必先行。
101. 事后补救不如事前防范，省事省时省钱又少费神。
102. 事前百分之一的预防，胜过事后百分之九十九的整改。
103. 事故不可逆，生命不重来，安全可以演练，生命不能彩排。

视

104. 视生命至上，保安全无价。

守

105. 守好自己工作岗位的“安全之门”。
106. 守土有责，守土尽责，保一方平安。
107. 守住安全向前冲，全力以赴拼进度。
108. 守住安全生产底线，树牢安全发展理念。

疏

109. 疏忽一时，痛苦一世。
110. 疏忽的代价，惨痛的人生。

树

111. 树立安全意识，创建精品工程。
112. 树立安全观念，坚持安全生产。
113. 树立安全理念，筑牢安全防线。
114. 树立企业安全形象，促进安全文明生产。

熟

115. 熟水性，好划船，学本领，保安全。

松

116. 松是事故之源，严为安全之本。

锁

117. 锁链最脆弱的一环决定它的强度，安全最危险的一面决定你的生命。

T

踏

1. 踏歌追梦任我行，遵章守纪保平安。

抬

2. 抬轿人，护送人，安全人。

通

3. 通风勤，空气新，降风险，保安全。
4. 通风安全警长鸣，瓦斯如虎面狰狞，每时每刻需谨慎。

同

5. 同创安全工地，共享美好生活。

提

6. 提高安全意识，建设文明工地。
7. 提醒是义务，提醒是责任，提醒是关爱，提醒是幸福。

W

万

1. 万一的侥幸，引起千万的损失。

温

2. 温馨的家，盼着您平安归来。

为

3. 为了亲人的微笑，请注意安全。
4. 为了您和家人的幸福，请您注意安全。
5. 为国为家为己，安全必须牢记。

违

6. 违章就是隐患，违章易引发事故。
7. 违章就是违法，违法就会受惩罚。
8. 违章操作，一害自己，二害国家。
9. 违章麻痹加大意，事故隐患减不去。
10. 违章一旦形成了习惯，就很难改变。
11. 违章是事故的前奏曲，事故是幸福的休止符。
12. 违章蛮干造成终身遗憾，遵章守纪伴你一生平安。
13. 违章是诱发事故的祸根，守纪是保证安全的屏障。

唯

14. 唯有安全，才有幸福。
15. 唯有安全，才享生命乐趣。
16. 唯有平安健康，才能迎来更多的团聚。

我

17. 我行动，我参与，我安全。
18. 我为安全尽责任，安全为我保平安。
19. 我的安全我负责，他人安全我有责，企业安全我尽责。
20. 我要安全，我懂安全，人人尽责，确保安全。

无

21. 无事勤提防，遇事心不慌。
22. 无视安全规章就是无视生命。
23. 无视安全，野蛮施工，必受其累。

24. 无情于违章惩处，有情于幸福家庭。

25. 无知加大意必危险，防护加警惕保安全。

26. 无论顺境还是逆境，平地还是险境，都不要放松警惕。

27. 无危则安，无损则全。

五

28. 五一劳动我在岗，全力保障为安全。

29. 五想五不干：一想安全风险，不清楚不干；二想安全措施，不完善不干；三想安全工具，不配备不干；四想安全环境，不合格不干；五想安全技能，不具备不干。

勿

30. 勿忘安全，珍惜生命。

31. 勿忘火警119，危险时刻真朋友。

32. 勿忘安全须时时警钟长鸣，珍爱生命应天天头脑清醒。

务

33. 务实的做事风格，饱满的工作热情。

未

34. 未经安全生产教育和培训合格的人员，不得上岗作业。

X

习

1. 习惯性违章，反复隐患有危险。

2. 习惯性违章，侥幸心理不可取。

3. 习惯性违章，不能习惯性不管。

4. 习惯性违章害人害己，终害家人。

5. 习惯不等于规章，遵章应形成习惯。

6. 习惯性违章是身在虎口不知险，危险将至，祸要降。

7. 习惯决定安全，好习惯让人一生平安，坏习惯让人祸事连连。

8. 习惯性违章是安全的大敌和隐患，是管理的漏洞和死角，是事故的温床和祸根。

系

9. 系上安全带，生命有依靠。

夏

10. 夏季施工要防晒，防暑用品随身带。

先

11. 先通风，再检查，后作业。
12. 先安全后生产，不安全不生产。
13. 先安全再生产，生产前牢记安全。

现

14. 现场戴好安全帽，人身安全有依靠。

相

15. 相约文明作业，平安相伴一生。
16. 相互帮助，相互保护，相互协作，是保障团队安全生产的重要条件。

想

17. 想安全规章，不落实不干。
18. 想要无事故，安全下功夫。
19. 想安全事，上安全岗，做安全人，坚守安全红线，推进安全发展。

小

20. 小心驶得万年船。
21. 小心无大错，粗心铸大过。
22. 小虫蛀大梁，隐患酿事故。
23. 小小安全带，情系千万家。

效

24. 效率生产，平安第一。
25. 效益多与少，全靠安全保。

携

26. 携手共筑安全生产防线。

心

27. 心系安全一点，拥有蓝天一片。
28. 心头常亮安全灯，平安生活伴人生。
29. 心中时刻装安全，平安幸福常相伴。
30. 心中时刻装安全，吃饭睡觉都香甜。
31. 心中安全要放第一，贯穿工作始终如一。

幸

32. 幸福是棵树，安全是沃土。

宣

33. 宣传安全知识，传播安全文化。
34. 宣传安全文化知识，推动安全文明建设。

学

35. 学习应急知识，提高应急能力。
36. 学一分安全知识，多十分平安保障。
37. 学好用好应急知识，提高自救互救能力。
38. 学好用好新修改的《安全生产法》，提升安全管理水平。
39. 学规范用规范以规范指导工作环节，讲安全抓安全把安全贯穿生产始终。

雪

40. 雪景令人抒情，却是安全隐患需防范。
41. 雪怕太阳草怕露，安全生产怕违章。

血

42. 血的教训极其深刻，必须牢记。

协

43. 协同作用，共保安全；穿戴齐全，防护全面。

消

44. 消除侥幸心理，态度决定安全。

Y

严

1. 严禁酒后作业。
2. 严禁违规动火。
3. 严禁违规载人。
4. 严禁炭火取暖。
5. 严厉惩处冒险施工。
6. 严格动火作业管理。
7. 严禁攀爬、翻越护栏。
8. 严格按方案组织施工。
9. 严禁施工生产胡干蛮干。
10. 严厉惩处违规动火作业。
11. 严厉惩处违规电焊作业。
12. 严禁从高处往下投掷物体。
13. 严禁有令不行、有禁不止。
14. 严禁盲目赶工期、追进度。
15. 严格落实安全标准化管理。
16. 严禁对安全隐患宽松软虚。
17. 严格压实全员安全生产责任。
18. 严格落实部门安全监管责任。
19. 严格追究事故责任人的责任。
20. 严防小施工、小作业惹大事。
21. 严禁无证人员实施爆破作业。
22. 严禁高处作业不系挂安全带。
23. 严禁擅自进入有限空间作业。
24. 严禁无证或假证从事特种作业。
25. 严格执行规章制度，确保施工安全。
26. 严禁油污接触氧气瓶和气焊工具。

27. 严守程序，绝不逾越，杜绝出错。

28. 严格律己勿违章，平平安安喜洋洋。

29. 严控质量保安全，我为党旗添光彩。

30. 严是生命的呼唤，松是悲剧的开端。

31. 严格要求安全在，松松垮垮事故来。

32. 严格管理总是爱，放纵懈怠终是害。

33. 严是爱，松是害，疏忽大意事故来。

34. 严是爱，松是害，保障安全利三代。

35. 严是爱，松是害，杜绝事故为后代。

36. 严执行，强管理，追责任，督整改。

37. 严格落实工前教育和工前隐患排查。

38. 严禁非专业爆破人员实施爆破作业。

39. 严禁从高空故意向下抛掷物体、器材。

40. 严禁负责特殊作业的监护人擅离岗位。

41. 严禁打架斗殴、饮酒上岗、吸食毒品。

42. 严格履行电气焊等动火作业审批手续。

43. 严防麻痹思想、侥幸心理。

44. 严禁电动车在生产、生活区违规充电。

45. 严禁违规使用明火，严禁动火施工无审批。

46. 严禁个人私藏、转卖、转借易燃易爆物品。

47. 严格按规定佩戴和使用劳动防护用品。

48. 严禁坐在高空无遮栏处休息，防止坠落。

49. 严禁违章指挥、违章作业、违反劳动纪律。

50. 严禁使用不合格的机具设备和劳动保护用品。

51. 严格落实安全制度，构建和谐工地，确保生产安全。

52. 严防老旧设备、淘汰设备、故障设备进入现场。

53. 严禁无证、疲劳、超速、超载、超限等违章作业。

54. 严格遵守劳动纪律、工艺纪律、操作纪律、工作纪律。

55. 严禁非工作人员进入变配电所、乙炔站、氧气站、空压机房、发电机房、锅炉房等场所。

56. 严防刀伤、碰伤、棒伤、灼伤、烫伤、烧伤、扭伤、跌倒、触电及身体被卷入转动设备等人身事故和设备事故的发生。

57. 严格按规定交接班，严格进行巡回检查，严格控制工艺指标，严格执行作业标准，严格遵守劳动纪律，严格执行操作规程。

58. 严禁在风险不明、地质条件不清楚、安全条件不满足、安全措施未落实、人员培训不到位、隐患未排除、机械设备有故障等情况下冒险作业。

眼

59. 眼睛容不得一粒沙土，安全来不得半点马虎。

60. 眼观六路，耳听八方，心系安全，行为规范。

咬

61. 咬定安全不放松，杜绝安全事故发生。

要

62. 要想阖家欢乐，牢记安全操作。

63. 要我安全，我要安全，我会安全。

一

64. 一人安全，全家幸福。

65. 一个疏忽，全盘皆输。

66. 一起事故，一场离别。

67. 一起事故，一部警示片。

68. 一起事故，一个悲惨故事。

69. 一人不安全，人人不安心。

70. 一人把关一处安，众人把关稳如山。

71. 一人的力量小，安全要靠大家保。

72. 一念之差后悔一世，执行规程幸福终生。

73. 一人安全全家幸福，一人违章众人遭殃。

74. 一丝不苟，规范操作，是可靠的安全秘诀。

75. 一级包一级，一级保一级，级级有任务，级级把好关。

76. 一分钟思考劳保穿戴，一分钟思考操作步骤，一分钟思考潜在危险，一分钟思考补救措施，一分钟思考逃生路线。

以

77. 以遵章守纪为安，以违章蛮干为险。

78. 以防微杜渐为安，以心存侥幸为险。

79. 以谦虚谨慎为安，以逞强好胜为险。

80. 以现场整洁为安，以器具杂乱为险。
81. 以精力集中为安，以心神不定为险。
82. 以事前预防为安，以事后抢救为险。
83. 以劳保齐全为安，以麻痹大意为险。
84. 以严格要求为安，以松松垮垮为险。
85. 以安全第一为荣，以忽视安全为耻。
86. 以事前预防为荣，以盲目蛮干为耻。
87. 以落实责任为荣，以失职渎职为耻。
88. 以执行标准为荣，以出现违章为耻。
89. 以严格管理为荣，以姑息迁就为耻。
90. 以自保互保为荣，以伤人害己为耻。
91. 以应知应会为荣，以愚昧无知为耻。
92. 以安全发展为荣，以事故发生为耻。
93. 以事故为镜，思事故之鉴，防事故发生。

易

94. 易燃易爆，小心为妙。
95. 易燃易爆，措施要到。
96. 易燃易爆，防范要到。

隐

97. 隐患不除不干活。
98. 隐患未消除不收手。
99. 隐患处处有，安全时时记。
100. 隐患险于明火，防范胜于救灾，责任重于泰山。

引

101. 引以为戒，警钟长鸣。

迎

102. 迎接苛刻的高空环境，始终贯彻安全第一的使命。

营

103. 营造安全氛围，创造安全环境。

优

104. 优质高效，安全可靠。

有

105. 有电危险，请勿靠近。
106. 有标可依，有章可循。
107. 有你在，安全因你而不同。
108. 有爱，有家，有平安，才有幸福。
109. 有权，有钱，有成功，没有安全一场空。
110. 有隐患不一定出事故，出事故背后一定有隐患。
111. 有一种心理叫粗心，有一种状态叫大意，有一种病症叫麻痹。
112. 有妻有子有家庭，没有安全等于零；你在工地上班，家人等你安全回家。

愚

113. 愚者做愚蠢事，智者做安全事。
114. 愚蠢之人违章违规，聪明之人遵章守规。
115. 愚者用事故换取教训，智者用教训避免事故。

与

116. 与生命相约，与安全同行。
117. 与其事后痛哭流涕，不如事前遵章守纪。
118. 与其上班前和父母道个早安，不如下班后向父母报个平安。

遇

119. 遇险不慌，有序处置。
120. 遇到大雾、大雨及六级以上大风时，停止高处作业。

员

121. 员工平安时刻关注，施工安全警钟长鸣。
122. 员工安全幸福长久，企业安全发展恒久。

应

123. 应及时制止生产工作中的一切违章违规行为。

意

124. 意识不到危险才是最大的危险。

预

125. 预防习惯性违章人人有责,没有局外人,没有旁观者。

Z

杂

1. 杂草不除禾苗难壮,隐患不除效益难上。
2. 杂草犹如隐患,禾苗成长要除杂草,安全可控须除隐患。

在

3. 在安全的前提下,抢抓施工进度。
4. 在岗位,在状态,抓质量,抓安全。

责

5. 责任重于泰山,安全不容懈怠。
6. 责任重于泰山,安全第一,预防为主。
7. 责任心是安全之魂,标准化是安全之本。

增

8. 增效千条计,安全数第一。
9. 增强安全意识,创建平安工地。
10. 增强安全意识,促进和谐发展。
11. 增强安全意识,弘扬安全文化。
12. 增强大局意识,统筹好发展和安全。
13. 增强安全意识,遵守安全章程,掌握安全技能。
14. 增强安全意识,提高安全素质,掌握安全技能。

扎

15. 扎实开展隐患排查整治。

16. 扎实开展重大事故隐患排查治理。

展

17. 展企业精神面貌，创企业平安工地。

沾

18. 沾沾自喜事故来，时时警惕安全在。

战

19. 战高温生产掀热潮，夺高产安全不放松。
20. 战高温，抗酷暑，抓质量，保安全。

掌

21. 掌握防汛技能，构建平安家园。
22. 掌握安全知识，迎接新的世纪。
23. 掌握安全生产知识，争做遵章守纪职工。

珍

24. 珍惜生命，杜绝违章。
25. 珍惜生命，拒绝三违。
26. 珍爱生命，保护安全。
27. 珍爱宝贵生命，共建幸福家园。
28. 珍惜生命应天天头脑清醒，勿忘安全须时时警钟长鸣。

争

29. 争做企业安全生产排头兵，争创全国青年安全生产示范岗。

正

30. 正确佩戴安全帽。
31. 正确佩戴防护用品，正确使用防护器具。

只

32. 只有紧绷安全之弦，才能弹奏幸福之音。
33. 只要上岗，集中思想；工作再忙，安全勿忘。

34. 只有紧绷安全意识的弦，才能弹出平安快乐的调。

35. 只要有可能，事故易来临；扔掉不一定，消除不确定。

知

36. 知风险、懂方案、能应急、会处置。

37. 知晓责任，履行职责；时刻警惕，安全第一；提高能力，防范风险；留下痕迹，自我保护。

致

38. 致富千日功，出事当日空。

39. 致富靠奋斗，安全靠管理。

执

40. 执行、实干、创新、创效。

41. 执行操作规程，防止大小事故。

众

42. 众人一条心，抓好安全有恒心。

43. 众志成城，管控安全，自觉自律，保护生命。

重

44. 重视安全结硕果，忽视安全招祸端。

45. 重视自身安全，务必做好自我防护。

46. 重视安全，关心安全，为安全献力。

筑

47. 筑牢安全防线，共享和谐平安。

48. 筑起堤坝洪水挡，练就技能事故防。

注

49. 注意安全，注意高温，注意防尘。

住

50. 住金屋银屋，不如住安全屋。

51. 住金屋银屋，不如住幸福屋。

庄

52. 庄稼离不开阳光，安全少不了规章。

自

53. 自控互控与他控，不抓安全会失控。
54. 自主安全处处留心，相互安全人人关心。
55. 自己的不安全行为，伤害自己，伤害他人，伤害家人。
56. 自觉树立法律法规意识，自觉遵章守纪，是安全生产的前提。

资

57. 资历不是你违章作业的资本。

走

58. 走人生路，做安全事。
59. 走人身安全之路，从文明施工起步。

最

60. 最盼的是你的平安，最怕的是你的意外。

遵

61. 遵章守纪，保障安全。
62. 遵章守纪，幸福美满。
63. 遵章守法，关爱生命。
64. 遵章守纪，杜绝三违。
65. 遵守操作规程，严禁违规操作。
66. 遵章守纪光荣，违章违规可耻。
67. 遵守安全生产法，做好第一责任人。
68. 遵守安全生产法，人人事事保平安。
69. 遵章守纪莫违章，平平安安度时光。
70. 遵章守纪当模范，为安全生产做贡献。
71. 遵章是安全的先导，违章是事故的预兆。
72. 遵纪是安全的保证，违章是事故的根源。

73. 遵章是幸福的保障，违规是灾害的开端。
74. 遵守纪律，保障安全，安全生产，文明施工。

作

75. 作业工人要专业化、职业化。
76. 作业时戴安全帽，流汗总比流泪好。

做

77. 做好防火，从我做起。
78. 做安全标兵，当生产闯将。
79. 做安全事，上安全岗，做安全人。
80. 做到全员守规章、知敬畏、存戒惧、守底线。
81. 做到人人肩上扛安全责任、人人身上有安全指标。
82. 做文明施工人，说文明施工话，争创文明施工第一单位。
83. 做好自我防护就是关爱他人，遵守文明行为就是奉献社会。

制

84. 制度不全，事故难免。
85. 制度就是规矩，规矩就要遵守。

第三篇　安全管理

A

安

1. 安全就是竞争力。
2. 安全生产重在落实。
3. 安全就是核心竞争力。
4. 安全管理永远在路上。
5. 安全就是最大的效益。
6. 安全发展，预防为主。
7. 安全发展，国泰民安。
8. 安全救援，科学救援。
9. 安全管理永远在路上。
10. 安全生产事关人的生命安全。
11. 安全生产事关企业生死存亡。
12. 安全管理，要眼到手到脚到。
13. 安全管理横向到边、纵向到底。
14. 安全基础不牢，企业地动山摇。
15. 安全生产，要坚持防患于未然。
16. 安全事关生命，责任重于泰山。
17. 安全逢会必讲，要讲透讲清楚。
18. 安全事无巨细，勤查化险为夷。
19. 安全为了生产，生产必须安全。
20. 安全是企业高质量发展的基石。
21. 安全责任的阀门须拧紧再拧紧。
22. 安全生产只有起点，没有终点。
23. 安全生产责任重大，使命光荣。

24. 安全培训不到位是重大安全隐患。
25. 安全生产事关经济社会发展大局。
26. 安全第一，预防为主，综合治理。
27. 安全文化是企业文化建设的基础。
28. 安全文化是企业文化的组成部分。
29. 安全优于生产优于效益优于发展。
30. 安全措施定得细，事故预防有保证。
31. 安全措施定得细，事故预防有成效。
32. 安全生产要规范，科学管理是关键。
33. 安全管理居安思危，思则有备无患。
34. 安全高于一切，一切行动服从安全。
35. 安全是为了生产，生产必须保安全。
36. 安全保险把春报，生产效益节节高。
37. 安全花开朵朵艳，生产效益节节高。
38. 安全花开遍地香，企强共富好春光。
39. 安全文明创达标，质量进度争一流。
40. 安全责任大于天，质量责任重如山。
41. 安全与效益同行，事故与亏损共生。
42. 安全质量细排查，进度工期不耽误。
43. 安全质量细排查，隐患故障无处逃。
44. 安全质量严管控，企业效益自然来。
45. 安全生产标准化，企业效益最大化。
46. 安全是效益之本，安全是生命之源。
47. 安全生产挂嘴上，不如现场跑几趟。
48. 安全管理完善求精，人身事故实现为零。
49. 安全防范精细到位，质量管理精益求精。
50. 安全没有借口、捷径，只有遵守。
51. 安全第一警钟长鸣，科学管理规范施工。
52. 安全生产蒸蒸日上，文明建设欣欣向荣。
53. 安全是企业的生命，发展是企业的动能。
54. 安全是无形的节约，事故是有形的浪费。
55. 安全是幸福的保障，治理隐患保障安全。
56. 安全是幸福的源泉，安全是效益的保障。
57. 安全是最大的效益，事故是最大的浪费。

58. 安全、创新、协调、绿色、开放、共享。
59. 安全管理工作要实打实、硬碰硬、不心软。
60. 安全生产常抓不懈，抓而不紧等于不抓。
61. 安全生产管理事关人的生命，责任重于泰山。
62. 安全建设，标准运营，职业合规，尽职尽责。
63. 安全要讲，事故要防，安不忘危，乐不忘忧。
64. 安全质量，齐抓共管，全员监督，动态把控。
65. 安全可靠，规范有序，整洁美观，环境和谐。
66. 安全第一，预防为主，安全责任，重于泰山。
67. 安全第一，预防为主，综合治理，保障安全。
68. 安全第一，常备不懈，预防为主，常抓不松。
69. 安全生产，警钟长鸣，隐患事故，常抓不懈。
70. 安全工程，绿色工厂，创新工程，廉洁工程。
71. 安全生产工作要制度化管理、常态化管理、具体化管理。
72. 安全是齐抓共管、常抓不懈、严格问责的硬功夫。
73. 安全生产责任书的签订确保横向到边、纵向到底。
74. 安全生产重在人人把关，工程质量更需处处从严。
75. 安全是稳定生产的保障，稳定生产是安全的体现。
76. 安全中求高产一顺百顺，隐患里快冒进一挫再挫。
77. 安全生产必须警钟长鸣，常抓不懈，丝毫放松不得。
78. 安全工作要真正做到齐抓共管、协调联动、同向发力。
79. 安全生产方可平安保进度，科学管理才能质优促发展。
80. 安全是保障，质量是形象，速度是风貌，效益是目标。
81. 安全是基础，违章是隐患，事故是警钟，警钟要长鸣。
82. 安全文化，安全法规，安全责任，安全科技，安全投入。
83. 安全培训工作是安全生产的基础性、源头性、根本性工作。
84. 安全管理要充分激发广大职工的积极性、主动性和创造性。
85. 安全生产监督检查必须坚持“零容忍、严执法、重实效”的要求。
86. 安全高于一切，安全重于一切，安全先于一切，安全影响一切。
87. 安全监督要突出核心、严查重点、措施到位、注重本质、强调化解。
88. 安全生产管理要向规范化、制度化、标准化、人文化发展。
89. 安全生产是改善安全生产条件和开展生产工作的前提和保障。
90. 安全生产犹如清冽甘泉沁人心脾，事故发生犹如晴天霹雳耀眼刺耳。
91. 安全生产责任，一级保一级，级级有任务，级级有责任。

92. 安全生产是企业持续发展的基石，平稳发展是员工幸福安康的保障。

93. 安全知识胜于安全设施，安全意识强于安全知识，安全意愿优于安全意识。

94. 安全管理制度化，安全设施标准化，现场布置条理化，物料摆放整齐化，作业行为规范化，环境影响最小化。

95. 安全体系集约化，安全学习扁平化，安全检查实时化，危大工程管控标准化，安全考核智能化，应急指挥空间化。

96. 安全生产"六同时"，实际工作要实践：新建改建和扩建，安全措施一起建；出事故四不放过，为民负责莫嫌烦；原因不明不放过，透过分析找根源；事故原因一查到，教育群众有经验；防范再出新措施，措施落实才算完；定措定人定期限，到期定人来检验。

97. 安全生产"十忌歌"：一忌规程不落实，说是说来做是做；二忌遇事乱指挥，不顾安全蛮干活；三忌有错顾脸面，违章行为怕人说；四忌干活想自己，上下左右不配合；五忌安全无措施，冒险蛮干事故多；六忌习惯性操作，安全观念太淡薄；七忌责任不落实，发生事故乱推脱；八忌检查留死角，隐患不除终是祸；九忌小事不上报，酿成大祸不得了；十忌领导当好人，管理考核不严格。

98. 安全管理"十八条"：安全条件，合法合规；日常管理，建章立制；资金投入，满足要求；机构人员，按标配备；教育培训，全员合格；安全设施，同时到位；较大危险，标志明显；工艺设备，合法可靠；危险物品，严格管理；事故隐患，及时排除；疏散出口，保持畅通；危险作业，专人管理；危险防范，如实告知；劳防用品，配备使用；相关各方，协调管理；制定预案，定期演练；发生事故，立即抢救；工伤保险，依法缴纳。

B

把

1. 把安全生产责任压紧压实。
2. 把风险控制在隐患形成之前。
3. 把隐患消灭在事故发生之前。
4. 把问题隐患查实、查准、查清。
5. 把安全责任落实到岗位，落实到人头。
6. 把安全生产纳入全局工作，统筹谋划。
7. 把问题解决在萌芽之时、消灭在成灾之前。
8. 把安全责任压实到终端、压实到基层岗位。
9. 把隐患排查治理责任落实到具体的工点、具体的岗位、具体的人。

八

10. 八个到位：风险辨识到位，措施制定到位，责任落实到位，培训学习到位，现场卡控到位，检查整改到位，考核奖惩到位，应急处置到位。

11. 八个结合：建立约束机制与激励机制相结合；突出重点与兼顾全面相结合；职能部门管理与齐抓共管相结合；防微杜渐与突出保障体系相结合；弘扬安全文化与常抓不懈相结合；安全检查与隐患整改相结合；落实责任制度与完善责任追究制相结合；线下安全管理与线上信息化管理相结合。

百

12. 百年大计，安全优先。
13. 百日攻坚，领导值班。
14. 百日攻坚，安全第一。
15. 百年大计质量先，安全生产记心间。
16. 百日攻坚进行时，安全生产要牢记。
17. 百日攻坚进行时，事事时时讲安全。
18. 百花盛开是园丁劳动的结果，生产安全是员工工作规范的成果。

保

19. 保障人民生命安全人人有责。
20. 保安全千日不足，出事故一日有余。
21. 保质保量保安全，促进生产求发展。
22. 保质保量保安全，提质提效提效益。
23. 保安全，保质量，创平安。
24. 保安全，保投资，保稳定，创精品。
25. 保护职工的安全健康是企业的头等大事。
26. 保质量讲安全快马加鞭，抢进度提效率注重时效。
27. 保质量讲安全快马加鞭，抢工期达目标稳步推进。
28. 保质量讲安全快马加鞭，创效益增收入喜笑颜开。
29. 保质量讲安全快马加鞭，创效益增收入大步向前。
30. 保质量讲安全快马加鞭，创效益增收入好事连连。

比

31. 比安全生产，比工程质量。

32. 比安全生产，比绿色低碳。

33. 比安全生产，比全员创新。

34. 比安全生产，比施工进度。

35. 比安全生产，比文明施工。

36. 比安全质量，比提质增效。

37. 比安全质量，比全员创新。

38. 比安全质量，评先进个人。

39. 比安全质量，评先进单位。

40. 比安全质量，创一流标准。

41. 比安全质量，创平安工地。

42. 比安全生产，促平安工地创建。

43. 比工程质量，促精品样板打造。

44. 比绿色低碳，促绿色生态建设。

45. 比施工进度，促计划目标完成。

46. 比文明施工，促和谐工地建成。

47. 比安全，比质量，比先进，比效益。

48. 比安全，重质量，比先进，评优秀。

49. 比安全生产，比工程质量，比绿色低碳，比全员创新，比施工进度，比文明施工，比提质增效，比先进优秀。

必

50. 必须牢固树立安全规范意识。

51. 必须建立健全安全生产责任体系。

52. 必须把安全生产摆在首要位置。

53. 必须安全才生产，不安全不生产。

54. 必须把保护员工生命安全摆在首位。

55. 必须坚持信誉至上，严格履行合同。

56. 必须严格执行标准化管理，严禁随意设置安全警示标牌。

57. 必须坚定不移保障安全发展，狠抓安全生产责任制落实。

58. 必须严格实行作业审批制度，严禁擅自进入有限空间作业。

59. 必须对作业人员进行安全培训，严禁教育培训不合格就上岗作业。

60. 必须做到：人员百分之百，全员保安全；时间百分之百，时刻保安全；力量百分之百，集中精神保安全。

编

61. 编织美好梦想，促进安全生产。

不

62. 不安全，不生产。

63. 不忘初心谋匠心，牢记安全请放心。

64. 不忘初心谋匠心，安全生产要用心。

65. 不绷紧安全的弦，就弹不出生产的调。

66. 不绷紧安全的弦，就达不到工期的点。

67. 不能把安全责任仅停留在“口头”上。

68. 不安全不生产，隐患不消除不生产，安全措施不落实不生产。

69. 不断推进安全生产年度监督检查工作制度化、规范化、标准化。

70. 不用陪同，不打招呼，不发通知，不听汇报，直奔基层，直查现场。

71. 不放过任何一个漏洞，不忽略任何一个盲点，不留下任何一个隐患。

72. 不安全，不施工；任务交代不清，不施工；图纸不清楚，不施工；质量标准和技术措施不清楚，不施工；材料不合格，不施工；基本条件不具备，不施工；施工机具不齐全、不完好，不施工；上道工序不交接，质量不合格，下道工序不施工。

避

73. 避免风险管控失效造成隐患，隐患整改不到位酿成事故。

补

74. 补短板、强弱项、夯基础，加强人防、物防、技防措施，从根本上消除隐患。

标

75. 标本兼治、重在治本、夯实基础。

C

查

1. 查隐患、纠违章、保安全。

2. 查隐患、纠违规、防事故。

3. 查一遍隐患，不让事故发生。
4. 查隐患纠违规，认真履职好习惯。
5. 查隐患纠违规，人人履职好作风。
6. 查隐患纠违规，良好作风要宣传。
7. 查患纠违认真做，隐患违章无处躲。
8. 查隐患，强整治，保安全，护稳定。
9. 查隐患，纠违规，保安全，达目标。
10. 查隐患，纠违规，履职责，担责任。
11. 查隐患，纠违规，保先进，评优秀。
12. 查隐患，纠违规，防事故，达目标。
13. 查患纠违从我做起，隐患再小躲不了。
14. 查患纠违从我做起，你查我查大家查。
15. 查一遍隐患，纠一遍违规，履职防事故。
16. 查隐患纠违章保安全，减少损失千千万。
17. 查一遍隐患，纠一遍违规，胜过言语千万。
18. 查隐患纠违规，莫让隐患藏，莫让违规纵。
19. 查患纠违从我做起，查一遍纠一遍不放过。
20. 查隐患不放过每一处，纠违规不纵容每一人。
21. 查隐患纠违章保安全，努力做到万无一失。
22. 查隐患纠违章保安全，确保安全双零目标。
23. 查隐患纠违章保安全，确保安全生产达标。
24. 查隐患纠违章保安全，认真履行安全职责。
25. 查隐患纠违章保安全，认真承担安全责任。
26. 查隐患纠违章保安全，查得彻底纠得到位。
27. 查隐患纠违规防事故，确保安全生产顺利。
28. 查隐患纠违规防事故，认真履行安全职责。
29. 查隐患纠违规防事故，查一遍让隐患暴露。
30. 查隐患纠违规防事故，纠一遍让违规遁形。
31. 查隐患纠违章保安全，查一遍纠一遍要认真。
32. 查隐患纠违章保安全，查一遍纠一遍不放过。
33. 查隐患纠违章保安全，大小隐患真查不放过。
34. 查隐患纠违章保安全，认真履职保安全生产。
35. 查隐患，强整治，保安全，护稳定，达目标。
36. 查隐患，抓整改，重落实，防事故，保安全。

37. 查患纠违从我做起，不安全不施工，时刻要牢记。
38. 查患纠违从我做起，查一遍让隐患暴露，纠一遍让违规遁形。
39. 查隐患纠违章保安全，查一遍让隐患暴露，纠一遍让违规遁形。
40. 查麻痹思想，查事故苗头，查事故隐患。
41. 查思想，查隐患，查纪律，查制度。
42. 查缺补漏，补齐短板，强化弱项，制定措施，严格执行安全制度。
43. 查现场，查隐患，查思想，查管理，查制度，查事故处理。

察

44. 察实情，重实效，落实地。

常

45. 常添灯草勤加油，常敲警钟勤堵漏。
46. 常抓不懈保安全，班前班后多宣讲。
47. 常抓不懈保安全，不出事故稳增产。
48. 常抓不懈保安全，稳产增收创效益。
49. 常抓不懈保安全，绷紧安全这根弦。
50. 常抓不懈保安全，弹好安全这个调。
51. 常抓不懈保安全，付诸行动才见效。
52. 常抓不懈保安全，只说不做难见效。
53. 常抓不懈保安全，压实责任才安全。
54. 常抓不懈保安全，全员责任才安全。
55. 常抓不懈保安全，岗位责任要明晰。
56. 常抓不懈保安全，岗位责任要压实。
57. 常抓不懈保安全，真抓岗位安全责。
58. 常态化开展消防安全隐患排查整治。

唱

59. 唱响安全发展，构建和谐社会。

超

60. 超前预防，超前研判，超前预警，超前应急。

彻

61. 彻查隐患，提升管理。

62. 彻查彻改各类安全风险隐患。

63. 彻底消除隐患，杜绝事故发生。

诚

64. 诚信创新永恒，平安幸福同在。

65. 诚信创新永恒，安全效益相关。

66. 诚信创新永恒，安全平安相连。

67. 诚信创新永恒，安全人生相连。

持

68. 持续改进安全规范，强弱项，补短板，全面提升。

69. 持续改进安全规范，强弱项，补短板，逐项加强。

70. 持续改进安全规范，强弱项，补短板，提质增效。

71. 持续改进安全规范，找不足，补短处，逐步完善。

72. 持续健全完善“层层负责、人人有责、各负其责”的全员安全生产责任体系。

73. 持续健全完善安全生产领导、组织实施、技术保障、作业控制和安全监管五个责任体系。

出

74. 出动及时，施救迅速，救援成功。

除

75. 除险保安更要持之以恒。

76. 除隐患，降风险，保安全，促进度，增效益。

创

77. 创新安全生产管理体系。

78. 创平安工地，建放心工程。

79. 创平安工地，建精品工程。

80. 创平安工地，建优质工程。

踔

81. 踔厉奋发创平安工地，各尽所能建优质工程。

82. 踔厉奋发创平安工地，数字赋能助企业发展。

83. 踔厉奋发创平安工地，砥砺前行助企业发展。

84. 踔厉奋发创平安工地，提质增效助企业发展。

从

85. 从源头把控好安全风险。

86. 从根本上降低安全风险。

87. 从源头抓起，向零事故迈进。

88. 从被动安全向主动安全转化。

89. 从根本上消除人的不安全行为。

90. 从根本上提高安全发展水平。

91. 从严、从实、从细抓好安全生产工作。

92. 从源头上防范化解重大安全风险。

93. 从管理抓好安全，实现可持续发展。

94. 从岗位抓好安全，实现可持续发展。

95. 从基层抓好安全，实现可持续发展。

96. 从班组抓好安全，实现可持续发展。

97. 从现场抓好安全，实现可持续发展。

98. 从上场抓好安全，实现可持续发展。

99. 从紧、从严、从细、从实抓好安全生产。

100. 从根本上消除隐患，从根本上解决问题。

101. 从严管理从安全开始，保质保量从任务抓起。

102. 从严管理从安全开始，精益求精从工序抓起。

103. 从源头把控好安全风险，以干促揽，以现场赢得市场。

104. 从根本上树牢“人民至上，生命至上”的安全发展理念。

105. 从单一安全监管向全员管安全的转变。

106. 从治标为主向标本兼治、重在治本转变。

107. 从根本上减少人的不安全行为带来的安全隐患。

108. 从事后调查处理向事前预防、源头治理、关口前移转变。

109. 从传统监管方式向运用信息化、数字化、智能化等现代方式转变。

促

110. 促进发展，先保安全。

111. 促进发展，安全优先。

112. 促进安全管理水平提升。

倡

113. 倡导采用“不提前通知、不设定脚本、不预设场景、不预设地点”的方式组织开展安全检查。

充

114. 充分认识开展安全隐患大排查、大整治的重要性和迫切性。

层

115. 层层负责、人人有责、各负其责。

D

打

1. 打防结合除隐患。
2. 打造高素质安全监管队伍。
3. 打通安全生产最后“一米”。
4. 打造安全工程，展现企业风采。
5. 打造文明工地，展现企业风采。
6. 打造安全示范工地，展现企业风采。
7. 打防结合消风险，保护安全常平安。
8. 打防结合降风险，事故隐患无处见。
9. 打防结合降风险，消除隐患保平安。
10. 打防结合降风险，降低风险事故率。
11. 打防结合降风险，降低风险隐患灭。
12. 打好安全生产百日攻坚战，守住安全生产红线。
13. 打好安全生产百日攻坚战，筑牢双零目标底线。
14. 打非治违，从源头上控制、预防和减少生产安全事故。

大

15. 大力实施安全发展战略。
16. 大力提升质量，打造安全工地。
17. 大干保证质量，攻坚不忘安全。

18. 大干不要蛮干，攻坚不忘安全。

19. 大干要按方案，攻坚不忘安全。

20. 大干讲究方法，攻坚不忘安全。

21. 大干讲究效率，攻坚不忘安全。

22. 大干讲究纪律，攻坚不忘安全。

23. 大干注重效率，攻坚不忘安全。

24. 大干注重成本，攻坚不忘安全。

25. 大力推动隐患排查治理体系建设。

26. 大力推动隐患“动态清零”制度。

27. 大力提升管理水平，保证安全质量。

28. 大力提升管理水平，群策群力保安全。

29. 大事化小教训易找，小事化了后患不少。

30. 大力开展强基行动，严肃查处违规行为。

31. 大力开展强基行动，坚决推行守规行为。

32. 大力提升安全管理水平，切实夯实安全管理基础。

33. 大力提升安全管理水平，坚决守住安全管理底线。

34. 大力推进安全生产标准化，全面提升企业安全生产水平。

35. 大力推进施工现场标准化，全面提升企业项目管理水平。

36. 大力推广施工现场标准化，全面提升项目文明施工水平。

带

37. 带队开展重大隐患排查整治。

38. 带头落实全员安全生产岗位责任。

党

39. 党政同责，同担安全风险，同履安全职责，同促安全生产。

40. 党政同责全覆盖，三个必须全覆盖，责任到位全覆盖，定期检查全覆盖，安全汇报全覆盖。

电

41. 电焊工，特种工，培训合格，持证上岗。

42. 电梯口、楼梯口、预留口、通道口，安全防护要到位。

定

43. 定期安全检查通报，以评促效，以考促安，取得实效。

44. 定期开展实战化的应急演练,做到遇险不慌,有序处置。
45. 定期组织开展消防应急疏散演练,提高消防安全意识和自防自救能力。
46. 定整改责任人,定整改措施,定整改完成时间,定整改完成人,定整改验收人。

动

47. 动员千遍不如真抓实干。
48. 动员部署,跟踪推进,落地见效。
49. 动火作业风险高,提前报,要知晓。
50. 动员全员参与,提升全员安全意识。

懂

51. 懂法律、知敬畏、存戒惧、守底线。

杜

52. 杜绝监管不到位、执法不彻底的做法。
53. 杜绝安全质量隐患,确保安全质量可控。

对

54. 对标对表,查漏补缺。
55. 对标对表全面自查自纠。
56. 对事故责任人严肃追责问责。
57. 对重大事故隐患进行挂牌督办。
58. 对排查走形式、走过场的人员严肃问责。
59. 对违章的忽视,就是对生命的漠视。
60. 对标对表全面排查整改重大事故隐患。
61. 对拒绝整改或拖延整改的企业和人员严肃追责。
62. 对风险隐患不能视而不见、见而不查、查而不改。
63. 对重大隐患、重大危险源要“量身定制”专项预案。
64. 对标重大隐患判定标准,查清真实情况,摸清工作底数。
65. 对安全隐患“宽松软虚”,就是对事故的纵容,对生命的漠视。

E

二

1. 二十防：防火、防爆、防尘、防毒、防滑、防雷、防台风、防触电、防冻伤、防磨损、防滑坡、防坍塌、防突涌、防临边、防地质灾害、防人身伤亡、防交通事故、防交叉作业、防高空坠落、防机械伤害。

F

发

1. 发现隐患，及时整改，闭环管理。
2. 发现问题，解决问题，防范问题。
3. 发展每前进一步，安全就要跟进一步。

反

4. 反三违，保安全。
5. 反三违防事故，查隐患保安全。
6. 反违章，除隐患，保安全，促生产。

防

7. 防风险，除隐患，遏事故。
8. 防范灾害风险，护航高质量发展。
9. 防范事故保安全，排查隐患保平安。
10. 防御洪旱灾害，促进社会经济发展。
11. 防灾减灾靠大家，和谐平安你我他。
12. 防范化解灾害风险，筑牢安全发展基础。
13. 防护加警惕保安全，无知加大意必危险。
14. 防范化解重大安全风险，及时消除安全隐患。

放

15. 放过隐患，必有后患。

16. 放弃红线的坚守,丢掉安全的重任,企业就会被事故消灭。

分

17. 分析安全隐患共性问题,研究治本之策。
18. 分专业推进安全生产标准化建设。

风

19. 风险可控,措施到位。
20. 风险即危险,隐患即事故。
21. 风险始终可控,隐患动态清零。
22. 风险不论大小,管控措施须到位。
23. 风险精准识别到点,措施管控深度到位。
24. 风险预控,隐患排查,确保每个环节安全可靠。
25. 风险分析,研判风险,制定措施,管控风险,确保安全。

复

26. 复工复产,安全要管。
27. 复工复产,安全先行。
28. 复工复产,首先安检。
29. 复工复产,齐抓共管,严守安全底线。
30. 复工复产,领导主管,带头安检,确保安全。
31. 复盘分析事故,剖析事故原因,总结吸取教训,落实防范措施。

凡

32. 凡事有人负责,凡事有章可循,凡事有据可查,凡事有人监督。

服

33. 服务意识,法制意识,协调意识,创新意识。

G

改

1. 改善现场安全生产环境条件。

2. 改善安全条件，确保安全生产。
3. 改善安全条件，提高劳动保障。
4. 改善安全条件，提升管理水平。
5. 改善安全条件，保证生命安全。
6. 改善安全条件，提高安全标准。
7. 改善职工劳动条件，促进安全文明生产。
8. 改善安全生产条件，推进安全生产标准化建设。

高

9. 高效有序，安全可靠。
10. 高标准起步，高效率推进，高质量达标，推动安全规范到位，促进质量强国建设。

搞

11. 搞好安全生产工作，树立企业安全形象。
12. 搞好安全生产工作，确保安全生产顺利。
13. 搞好安全不是一切，搞砸安全没有一切。

格

14. 格局决定思路，思路决定出路，出路基于安全。

更

15. 更高要求，更大力度，更严措施。

巩

16. 巩固安全成果，铸就企业梦想。
17. 巩固安全发展趋势，构建和谐平安家园。

工

18. 工作任务明确，责任分工清晰，安全工作有力。
19. 工作清单化，考核定量化，目标精细化，奖惩有据化。

构

20. 构筑安全生产防线。
21. 构建安全生产管理长效机制。

22. 构建全员安全生产责任体系。
23. 构建现代化铁路安全保障体系。
24. 构建灾害风险适应性和抗灾能力。
25. 构建双重预防机制,防范生产安全事故。
26. 构建与分包商共生共赢、共安全的新型劳务关系。
27. 构建新发展格局,实现更高质量、更有效率、更为安全、可持续的发展。

沟

28. 沟通途径千万条,换位思考第一条。
29. 沟通技巧不是问题,端正心态才是关键。

固

30. 固安全防线,解后顾之忧。
31. 固安全防线,防安全事故。
32. 固安全防线,筑牢防火墙。
33. 固安全根基,起高楼大厦。
34. 固安全根基,架天堑通途。

挂

35. 挂牌督办,驻点帮扶,严防死守。

关

36. 关口前移,重心下沉,靠前指挥,严防死守。
37. 关注安全,关爱生命,以人为本,构建和谐。
38. 关键时刻科学施救、有效施救,做到人人讲安全、个个会应急。

管

39. 管理科学,安全可控。
40. 管控风险,措施到位。
41. 管理从严,一严到底。
42. 管好安全生产,维护生命安全。
43. 管好安全准入关,强化科技兴安。
44. 管好自己三分地,种好安全平安树。
45. 管理基础打得牢,安全大厦层层高。

46. 管理基础打得牢,安全风险层层消。
47. 管安全要有手段,防事故要有措施。
48. 管安全要有手段,降风险讲究方法。
49. 管安全就是管风险,防事故必须除隐患。
50. 管理有章法,工作有程序,作业有标准,操作有指引,组织有保障。

贯

51. 贯彻安全法规,落实安全责任。
52. 贯彻安全法规,杜绝安全事故。
53. 贯彻落实规章制度,努力实现双零目标。
54. 贯彻落实新安全生产法,建立健全全员安全生产责任制。

广

55. 广泛动员,狠抓落实,群防群控。
56. 广泛动员,强化监督,责任到位,常抓不懈。
57. 广泛开展安全月活动,深入贯彻安全生产法。

规

58. 规范安全生产管理,建立安全长效机制。
59. 规范安全执法监管,提高工程质量水平。
60. 规范操作,控制危源,规避风险,杜绝事故。
61. 规程是安全工作的基础,责任是安全工作的灵魂。
62. 规范安全管理,增强安全意识,提高综合素质,保障安全生产。

H

焊

1. 焊工作业,防护到位。
2. 焊工电工,持证上岗。
3. 焊工作业,动火作业,先审批,再作业。

夯

4. 夯基础、管风险、治隐患、抓应急。

5. 夯实安全生产基础，提升安全管理意识。

6. 夯实安全管理基础，筑牢安全防护底线。

7. 夯实基础，补齐短板，堵塞漏洞，保障安全。

好

8. 好钢靠锻打，安全要严抓。

9. 好钢不离口，规章不离手。

狠

10. 狠抓各项安全生产管控措施落实落地。

11. 狠抓责任措施落实，强化预防治本攻坚。

12. 狠抓安全生产各项措施和责任的落实不放松。

13. 狠抓质量安全管理，消除质量安全隐患，杜绝触碰质量安全红线。

弘

14. 弘扬安全理念，规范安全行为，营造安全环境，保障安全生产。

忽

15. 忽视安全抓生产是火中取栗，脱离安全求效益如水中捞月。

汇

16. 汇报安全工作说结果，请示安全工作说方案，总结安全工作说流程，布置安全工作说标准。

会

17. 会操作，会维护，会保养，会排除故障，会处理事故。

J

积

1. 积极开展“复工复产安全第一课”。

2. 积极开展安全教育，认真落实安全责任。

及

3. 及时消除事故隐患，确保安全形势稳定。
4. 及时排查事故隐患，全力保障安全稳定。

基

5. 基层组织是安全生产工作的关键。

既

6. 既重视发展问题，又重视安全问题，发展是安全的基础，安全是发展的前提。

加

7. 加大隐患整改力度。
8. 加强管理，保障安全。
9. 加强安监干部队伍建设。
10. 加强安全生产基础能力建设。
11. 加强安全监管的改革创新。
12. 加大安全生产指标考核权重。
13. 加强安全专业人才队伍的建设。
14. 加强安全教育，确保安全生产。
15. 加强安全培训，促进安全生产。
16. 加强安全培训，提高安全意识。
17. 加强应急管理，科学防灾减灾。
18. 加强防灾减灾，关注生命安全。
19. 加强管理制度，提高全员安全意识。
20. 加强有限空间作业安全风险辨识管控。
21. 加强从业人员应急避险业务能力培养。
22. 加强班组安全管理，弘扬企业安全文化。
23. 加强风险隐患排查，消除突发事件隐患。
24. 加强环境宣传教育，提高全民环境意识。
25. 加强全面安全管理，开展质量提升行动。
26. 加大安全管理力度，提高全员质量意识。
27. 加强韧性能力建设，提高灾害防治水平。
28. 加强质量通病防治，确保工程结构安全。

29. 加强安全技术培训，人人学会保护自己。
30. 加强劳动人员保护工作就是保护生产力。
31. 加强安全隐患源头治理，严防失管失控。
32. 加强危险作业事前、事中和事后的管理。
33. 加快推进安全生产体系和治理能力现代化。
34. 加强全面安全管理，推动经济高质量发展。
35. 加强建筑工程安全管理，确保工程建设质量。
36. 加强安全文化建设，推进实施全面质量管理。
37. 加强智能化施工安全管理，提升安全水平。
38. 加强安全生产工作，防止和减少生产安全事故。
39. 加强现场标准化建设，杜绝安全事故、杜绝不良行为。
40. 加强事故隐患排查治理，强化安全生产主体责任。
41. 加强安全隐患源头治理，坚持标本兼治、重在治本。
42. 加强风险监测管控，开展隐患自查自改、闭环管理。
43. 加强防汛知识宣传教育，增强安全责任和防范意识。
44. 加大对事故责任人员的问责力度，强化警示震慑作用。
45. 加强单位“四个能力”建设，构筑消防安全“防火墙”。
46. 加快安全生产法治化进程，完善安全生产法律法规体系。
47. 加强“全面、全员、全过程、全方位”安全监督与管理。
48. 加强作业环境、设备设施与个体防护措施安全的推广应用。
49. 加强联防联控，以更严基调、更实举措共管风险、共保安全。
50. 加强重大事故隐患跟踪调度、整改督办、责任倒查和闭环管理。
51. 加强质量意识，端正质量态度，规范质量行为，树立安全风气。
52. 加强安全检查监测和应急工作，切实保障人民群众生命财产安全。

坚

53. 坚决守牢安全底线。
54. 坚决打击野蛮施工。
55. 坚决杜绝冒险作业。
56. 坚决落实追责问责。
57. 坚持务实功、求实效。
58. 坚守红线，防范事故。
59. 坚决防范、遏制各类事故。
60. 坚决做到不安全不施工。

61. 坚决守住安全发展底线。
62. 坚决筑牢安全生产防线。
63. 坚定不移推动依法治安。
64. 坚持事故可防可控的理念。
65. 坚决落实安全生产责任制。
66. 坚持尽职免责,失职追责。
67. 坚持标本兼治,重在治本。
68. 坚持预防为主,从源头开始防范。
69. 坚持最严的安全管理制度。
70. 坚决做好各类灾害风险防范。
71. 坚决加强安全监管队伍建设。
72. 坚决压实全员安全生产责任。
73. 坚决消除各类违规违法行为。
74. 坚决防范各类安全事故发生。
75. 坚持重大事故隐患动态清零。
76. 坚决守牢兜住安全发展底线。
77. 坚持问题导向,真查实查严查。
78. 坚决克服麻痹思想和侥幸心理。
79. 坚决遏制重特大事故频发势头。
80. 坚决整治执法检查宽松软虚问题。
81. 坚决强化分包商劳务安全管理。
82. 坚决推进风险隐患双预控工作。
83. 坚持安全发展,担当安全使命。
84. 坚守安全红线,推进安全发展。
85. 坚决杜绝以罚代管,罚而不管。
86. 坚持党委对安全生产工作的领导。
87. 坚决落实安全隐患举报奖励机制。
88. 坚决落实企业安全生产主体责任。
89. 坚决追究事故领导责任管理责任。
90. 坚决避免带病作业,带隐患施工。
91. 坚持严查严管、动真碰硬的原则。
92. 坚持底线思维,防范化解安全风险。
93. 坚持问题导向,深刻吸取事故教训。
94. 坚持开展重大事故隐患排查整治活动。

95. 坚持从源头上防范化解重大安全风险。
96. 坚决落实第一责任人的安全生产责任。
97. 坚决做好质量、安全、进度三个统筹。
98. 坚决做好经营、安全、防疫三个统筹。
99. 坚持事故隐患排早、排小、排细、排全。
100. 坚决整治亏损项目,保证安全生产投入。
101. 坚持安全发展理念,推进安全文化建设。
102. 坚决摈弃只顾生产忽视安全的错误做法。
103. 坚决摒弃“重进度、轻安全”的错误思想。
104. 坚定信心,同舟共济,安全生产,精准施策。
105. 坚守品质筑安全之基,精益求精行卓越之路。
106. 坚决杜绝迟报、漏报、谎报、瞒报生产安全事故。
107. 坚持精准发力、排查重点、建立清单、闭环管理。
108. 坚决贯彻落实上级安全生产部署的决心不动摇。
109. 坚决杜绝执法检查宽松软虚,走形式、走过场。
110. 坚持安全是发展的前提,坚持统筹发展和安全。
111. 坚持质量第一,保证质量安全,促进科学发展。
112. 坚决消除重大事故隐患,有效管控重大安全风险。
113. 坚持政府主导,落实群防群控,打造高品质安全工程。
114. 坚决克服思想松懈、管理松散、安全松弛等不良现象。
115. 坚持问题导向、目标导向,强化源头安全治理、系统治理。
116. 坚决防范各类安全事故发生,坚决守住安全发展底线。
117. 坚决打好安全生产主动仗、总体仗、攻坚仗、作风仗。
118. 坚持“守底线、抓重点、控关键、防风险”工作策略。
119. 坚持“盯红线、查隐患、落责任、督整改”工作举措。
120. 坚持问题导向,深刻吸取事故教训,提升本质安全水平。
121. 坚定不移纵深推进标准化管理,推动铁路建设高质量发展。
122. 坚决科学施工,安全施工,绿色施工,高质量推进工程建设。
123. 坚持安全第一,预防为主,综合治理方针,打造安全文明工地。
124. 坚持问题导向,聚焦重点岗位、关键环节、重点问题深挖细查。
125. 坚持生命至上,安全第一,强化安全发展理念,增强底线思维。
126. 坚持依法依规、按需施教、全覆盖、多手段、高质量的安全培训。
127. 坚持安全在心、严字当头、敢抓敢管、勇于负责,不可有丝毫懈怠。
128. 坚决防止因为盲目施救或者是应急处置不当,导致事故伤亡的扩大。

129. 坚持底线思维，增强忧患意识，提高防控能力，着力防范化解重大风险。
130. 坚决摒弃对安全隐患整改不牵头、不坚决、不及时、不彻底的错误做法。
131. 坚决摒弃“事故不可避免，干得多，事故就会多”“事故可以摆平”的错误思想。

建

132. 建强配强安监队伍。
133. 建立重大事故隐患台账。
134. 建立并落实责任倒查机制。
135. 建立安全生产投入长效机制。
136. 建立领导干部安全责任制度。
137. 建立安全生产检查工作责任制。
138. 建立健全全员安全生产岗位责任制。
139. 建立并落实全员安全生产责任制度。
140. 建立健全重大事故隐患挂牌督办制度。
141. 建立重大事故隐患排查整治倒查机制。
142. 建立健全企业安全生产应急管理体系。
143. 建筑施工安全为先，漫长人生安全是福。
144. 建立健全覆盖全员的安全生产责任与考核体系。
145. 建立健全并落实生产安全事故隐患排查治理制度。
146. 建立安全隐患、危险源监控及隐患整改治理建档制度。
147. 建立长效机制，坚持“常、长”二字，经常、长期抓下去。
148. 建立覆盖全员、全过程、全岗位、全流程的安全生产责任制。
149. 建设一支专常兼备、反应灵敏、作风过硬、本领高强的应急救援队伍。
150. 建立健全安全管理制度化、制度流程化、流程表单化、表单信息化体系。
151. 建立健全层次清楚、职责明确、权责对等、奖惩分明的安全生产责任体系。

健

152. 健全责任倒查机制。
153. 健全安全生产规章制度。
154. 健全安全生产投入保障机制。
155. 健全安全责任体系，强化企业主体责任。

检

156. 检查走马观花，事故遍地开花。

讲

157. 讲安全，谋发展，保稳定，促发展。

将

158. 将追责问责向前延伸。
159. 将终端安全管控成效作为安全生产考核评价的重点。
160. 将安全压力传导到终端，压实到每名员工、每个岗位。

较

161. 较真碰硬，发现问题，解决问题。

紧

162. 紧盯问题、整改落实。
163. 紧盯目标保工期，保证安全抓进度。
164. 紧盯重点工程、重点时段和安全环节。
165. 紧跟数字中国安全部署，加快数字安全企业转变。
166. 紧盯重点项目、重点场所、重点设备、重点人群、重点环节的风险管控。
167. 紧扣“压责任、抓反措、控分包”主题，深入开展春季安全生产督查。
168. 紧盯重点领域、聚焦安全环节，精准发力、重拳除患，多措并举、综合施策。

尽

169. 尽职免责，失职追责。
170. 尽心尽责，实干实效，安全施工，共进共赢。

禁

171. 禁止和不具备国家规定资质和安全生产保障能力的承包商或分包商合作。

精

172. 精准考责，严格问责。
173. 精心管理保质量，消除隐患保安全。
174. 精益求精抓质量，警钟长鸣保安全。
175. 精心组织，高效管理，安全生产，保质保量。
176. 精准查找重大事故隐患，科学治理重大事故隐患。

警

177. 警钟长鸣抓安全,积极防范保平安。

镜

178. 镜子不擦拭不明,事故不分析不清。
179. 镜子照人整妆容,不出事故增效益。

居

180. 居安思危,常备不懈。
181. 居安思危,警钟长鸣。
182. 居安思危年年乐,警钟长鸣岁岁欢。
183. 居安思危危自小,防治隐患患自消。
184. 居安思危,提高责任感,坚持不懈抓质量。
185. 居安思危抓演练,未雨绸缪保平安,应急始于心,防范始于行。

聚

186. 聚焦工作质量,防范重大隐患。
187. 聚焦生产终端,加强监督检查。
188. 聚焦重大安全风险防控,消除重大事故隐患。
189. 聚焦管理效能提升,强化科技赋能安全生产。
190. 聚焦关键项目、关键工点、关键环节的安全管理。
191. 聚焦突出问题,强化安全防范,狠抓工作落实,实施源头治理。
192. 聚焦安全生产基础的夯实,健全安全管理体系,加强安全生产标准化建设。

决

193. 决战千里,安全为上。
194. 决战必胜,安全为上。

监

195. 监督检查工作一律痕迹化,结果一律表格化,问题隐患一律清单化,隐患整改一律闭环化。

K

开

1. 开会必讲安全，现场必重安全。
2. 开展应急演练，排查重大隐患。
3. 开展安全教育，狠抓制度落实。
4. 开展安全月活动，深入贯彻安全法。
5. 开展安全生产月活动，增强全民安全意识。
6. 开局就决战，每天是节点，全年在冲刺、保安全。
7. 开局即决战，争分夺秒，全力保安全，冲刺保目标。
8. 开展应急演练，提升公众防灾避险和自救互救能力。
9. 开展建筑机器人的研发和应用，提高工程建设的机械化、智能化，提升安全水平。

科

10. 科学发展，安全发展。
11. 科学管理，规范施工。
12. 科学防范重大安全风险。
13. 科学治理重大事故隐患。
14. 科学管理，严格执行，安全才能成为常态。
15. 科学论证，分析研判，提前评估，防范风险，合理布局。

空

16. 空喊安全口号，不如检查一遍。

控

17. 控事故，保安全，促发展。
18. 控制措施到位，事故才不会发生。

快

19. 快刀不磨会生锈，安全不抓出纰漏。

L

拉

1. 拉不下面子，出了事故丢了里子。
2. 拉下脸来，毫不手软“打非治违”。

劳

3. 劳动创造财富，安全带来幸福。
4. 劳动创造幸福，规范带来平安。
5. 劳动竞赛，保证安全，勇争第一。

牢

6. 牢牢守住安全生产底线。
7. 牢牢守住项目审批安全红线。
8. 牢记安全操碎心，不让事故害人民。
9. 牢固树立“隐患就是事故”的理念。
10. 牢固树立“人民至上、生命至上”的安全理念。
11. 牢固树立“培训不到位就是最大安全隐患”理念。

立

12. 立足岗位抓安全，安全风险降下来。
13. 立足安全，筑牢生命之基。
14. 立责于心，履责于行；安全生产，知易行难。

力

15. 力保安全，促进安全。

领

16. 领导做好榜样，安全管理才顺畅。

六

17. 六个不变：坚持“安全第一”的思想不变；企业法人代表作为安全生产第一责任人

的责任不变；行之有效的安全规章制度不变；从严强化安全生产的力度不变；安全生产一票否决的原则不变；充分依靠职工的安全生产管理办法不变。

18. 六个一：开展一次安全专题会议；制定一份复工复产方案；开展一次安全教育培训；签订一份安全生产责任书；制定一套应急处置方案；组织一次全面安全检查。

撸

19. 撸起袖子加油干，排除万难保平安。

履

20. 履行质量安全主体责任，推行质量诚信社会共治。

绿

21. 绿叶底下防虫害，平静之中防隐患。

落

22. 落实责任，保障安全。
23. 落实全员安全生产责任。
24. 落实安全生产主体责任。
25. 落实安全措施，杜绝安全事故。
26. 落实安全责任，防范安全风险。
27. 落实安全责任，夯实责任基础。
28. 落实安全责任，推进安全生产。
29. 落实施工安全，坚持质量第一。
30. 落实岗位责任，加强安全管理。
31. 落实岗位职责，守牢安全底线。
32. 落实责任，治理隐患，防范事故。
33. 落实安全制度，严格管理防漏洞。
34. 落实安全责任，推动安全高质量发展。
35. 落实一项安全措施，胜过十句安全口号。
36. 落实安全质量责任，杜绝安全质量事故。
37. 落实各级安全责任，提高质量管理水平。
38. 落实安全管理责任，提高职工安全意识。
39. 落实施工安全标准化，筑牢工程安全防线。
40. 落实安全生产责任清单。

41. 落实责任，健全机制，查防结合，以防为主，精准防控。

42. 落实企业安全生产主体责任，扎实开展治本攻坚三年行动。

43. 落实安全规章制度，强化安全防范措施，推动安全基础发展。

44. 落实安全责任，推动安全发展，遵守安全生产法，当好第一责任人。

M

明

1. 明确目标任务，强化责任担当。

2. 明责任，严管理，高标准，保安全。

3. 明职责，知风险，会操作，能应急。

摸

4. 摸清底数，更新台账，辨识风险，全面排查，及时整改，措施到位。

N

宁

1. 宁可千日不松无事，不可一日不防酿祸。

2. 宁可千日常抓不懈，不可一时粗心大意。

努

3. 努力实现高水平安全与高质量发展良性互动。

4. 努力实现管理上有章法、工作上有程序、作业上有标准、操作上有指引、组织上有保障的安全生产规范化管理体系。

P

排

1. 排查治理隐患，拒绝事故伤害。

2. 排查治理隐患，确保安全生产。

3. 排查重大隐患，开展应急演练。

4. 排查全覆盖，问题零容忍，整治重实效。

5. 排查整治安全隐患，共促安全健康发展。

6. 排查安全隐患，落实安全责任，强化隐患整改。

7. 排查整治过筛子，教育培训不漏人，监督管理持高压，追责问责不姑息，督导考核明导向。

配

8. 配强应急救援力量，加强安全基础设施建设。

品

9. 品质是未来的决战场，安全是永恒的主题。

平

10. 平战结合，快速出击，闻险而动，精准救援。

11. 平安建设为人民，建设平安靠人民，平安成果惠人民。

Q

企

1. 企业要发展，安全是保障。

2. 企业安稳，员工安全，家庭安心。

3. 企业不消除隐患，事故就会消灭企业。

4. 企业主要负责人必须严格履行第一责任人的责任。

七

5. 七个检查：查认识、查机构、查制度、查台账、查设备、查隐患、查措施。

潜

6. 潜伏的事故隐患，不是安全无事故的表现。

强

7. 强化事故预防。

8. 强弱项，补短板。
9. 强化应急观念保障。
10. 强化安全生产观念。
11. 强化企业主体责任。
12. 强化安全生产组织机构。
13. 强化科技赋能安全生产。
14. 强化安全生产红线意识。
15. 强化安全生产责任落实。
16. 强化安全生产第一意识。
17. 强化终端环节安全管控。
18. 强化安全生产基础建设。
19. 强化隐患治理闭环管理。
20. 强化红线意识、底线思维。
21. 强化安全生产全过程监管。
22. 强化安全生产双零目标引领。
23. 强化安全意识，提高安全素质。
24. 强化安全基础，推动安全发展。
25. 强化安全生产，构建和谐社会。
26. 强化安全责任，落实安全措施。
27. 强化红线意识，推动安全发展。
28. 强化红线意识，促进安全生产。
29. 强化红线意识，落实安全责任。
30. 强力治理隐患，筑牢安全防线。
31. 强化事前预防，筑牢安全防线。
32. 强化红线意识，实施安全发展战略。
33. 强化安全生产底线意识和红线思维。
34. 强化源头治理、过程管控、结果考核。
35. 强化安全发展观念，提升全民安全素质。
36. 强化安全红线意识，提升安全保障水平。
37. 强化教育，营造氛围，提升全员安全意识。
38. 强化人防物防技防，从根本上治理消除隐患。
39. 强化安全生产管理，保护职工的安全健康。
40. 强化质量安全红线意识，规范安全作业行为。
41. 强化责任担当，细化工作措施，扎实开展工作。

42. 强化红线意识，坚守法律底线，拓展幸福空间。

43. 强化责任落实，筑牢制度堤坝，织密防护网络。

45. 强化企业主体责任落实，牢牢守住安全生产底线。

46. 强化安全生产思想观念，筑牢安全生产思想防线。

47. 强化事故警示，认真研判形势，找短板堵漏洞，突重点严监管。

48. 强化责任担当，明确工作措施，量化目标任务，细化责任分工，确保实施成效。

切

49. 切实筑牢安全生产防线。

50. 切实消除重大事故隐患。

51. 切实增强对生命的敬畏意识。

52. 切实提高安全生产管理水平。

53. 切实提高从业人员应急避险意识。

54. 切实提高风险隐患排查整改质量。

55. 切实维护人民群众生命财产安全。

56. 切实强化现场重大事故隐患排查整治。

57. 切实增强安全管理底线思维和红线意识。

58. 切实转变思想认识，认真反思管理的不足。

59. 切实做到党政同责、一岗双责、失职追责。

60. 切实增强安全生产的政治责任感和使命感。

61. 切实提高从业人员安全意识和应急处置技能。

62. 切实提高安全隐患排查和安全问题处治能力。

63. 切实加强劳务派遣、灵活用工人员安全管理。

64. 切实提高全员安全意识、自我防范意识和自我救治意识。

65. 切实加强教育培训，提高一线作业人员消防安全意识。

66. 切实提升发现问题、解决问题的意愿和能力。

67. 切实把思想和行动统一到党中央国务院决策部署上来。

68. 切实增强风险意识、忧患意识，强化底线思维、极限思维。

69. 切实做好重大事故隐患排查、报告、整治、验收和评估等工作。

70. 切实增强安全生产政治意识、大局意识、责任意识、法治意识。

71. 切实做到管行业必须管安全、管业务必须管安全、管生产经营必须管安全。

72. 切实把思想和行动统一到习近平总书记关于安全生产重要指示上来。

73. 切实将“以人民为中心”的安全观转化为保安全、护稳定的政治自觉、思想自觉、行动自觉。

全

74. 全力以赴保安全。
75. 全面开展安全检查。
76. 全面遏制各类事故。
77. 全面排查、整治隐患。
78. 全面防范各类安全风险。
79. 全面提升安全水平。
80. 全面落实安全生产责任制。
81. 全面提高作业人员安全意识。
82. 全面构建安全生产长效机制。
83. 全面加强安全生产能力建设。
84. 全面提升安全生产整体水平。
85. 全面开展自查自纠工作。
86. 全面开展消防安全排查整治。
87. 全力推动排查整治落地落实。
88. 全力预防事故，安全文化常驻。
89. 全面落实企业安全生产责任制。
90. 全员主动履职，全员主动担责。
91. 全面提升建设项目的安全水平。
92. 全员教育，全面教育，全线预防。
93. 全面排查整治各类安全生产隐患。
94. 全面压实企业安全生产主体责任。
95. 全面加强作业现场消防安全管理。
96. 全面提升安全生产精细化管理水平。
97. 全面排查和整改铁路重大事故隐患。
98. 全面落实重大危险源安全责任制。
99. 全面落实建设单位安全生产首要责任。
100. 全面强化依法治理，推动安全责任落实。
101. 全员参与，强化管理，精益求精，铸造品质。
102. 全员参与，持续改进，消除隐患，保障安全。
103. 全面梳理安全生产方面存在的短板和弱项。
104. 全面开展重大事故隐患专项排查整治行动。
105. 全面开展安全大检查，深化安全专项整治行动。

106. 全面排查各类安全隐患，防范各类安全事故。

107. 全民携手共建安全工地，共铸平安幸福民生。

108. 全面提升安全管理水平，筑牢企业安全稳定发展根基。

109. 全面推进企业安全生产治理体系和治理能力现代化。

110. 全力以赴夯基础、补短板、强弱项，坚决筑牢安全生产防线。

111. 全面抓好安全生产责任制和管理、防范、监督、检查、奖惩措施的落实。

112. 全面提升安全生产思想认识、责任落实、专项整治行动、本质安全水平与重点管控能力。

113. 全员化的安全生产责任体系，科学化的安全风险防控体系，规范化的安全生产监督体系。

确

114. 确保问题整改到位、隐患见底清零。

115. 确保安全培训取得实效，做到真训、真会。

116. 确保专项行动有序组织、高效推进、取得实效。

117. 确保责任、措施、资金、期限、应急预案落实到位。

R

认

1. 认真开展安全百日攻坚行动。

2. 认真查摆安全生产薄弱环节。

3. 认真查摆安全生产管理缺陷。

4. 认真查摆安全生产制度漏洞。

5. 认真查摆安全生产责任缺失。

6. 认真吸取事故教训，注重举一反三。

7. 认真总结历年来的安全管理经验与教训。

8. 认真履行安全责任，坚决杜绝安全事故。

9. 认清安全生产形势，筑牢安全生产意识。

10. 认清形势，提高站位，时刻做到警钟长鸣。

11. 认清形势，干字打头，实字筑基，安字托底。

12. 认真学习，认真工作，安全认真，人生认真。

13. 认真学习，大力宣传，坚决贯彻新《安全生产法》。

14. 认真落实安全生产标准化、法治化、程序化、规范化。

15. 认真查处安全生产薄弱环节、管理缺陷、制度漏洞及责任缺失等问题。

任

16. 任何单位和个人不得迟报、漏报、谎报或者瞒报事故。

17. 任何单位和个人均有权、有义务向相关部门举报事故隐患。

S

三

1. 三品:易燃品、易爆品、化学危险品。

2. 三违:违章指挥、违章操作、违反劳动纪律。

3. 三级安全教育:公司级、项目部级、班组级教育。

4. 三不伤害:不伤害自己、不伤害他人、不被他人伤害。

5. “三管三必须”是防范和化解重大风险的保障。

6. 三查五防:查标准、查管理、查现场;防坍塌、防坠落、防倾覆、防滑坡、防行车事故。

7. 三不动火:没有批准合格的动火证不动火;防火措施不落实不动火;监火人不在现场不动火。

8. 三条铁律:特种作业必持证,登高系好安全带;作业穿好防滑鞋,按序搭拆不交叉;钢管扣件不散放,拆除物料不乱扔。

9. 三同时:生产经营单位新建、改建、扩建工程项目的安全设施,必须与主体工程同时设计、同时施工、同时投入生产和使用。

10. 三宝四口五临边:三宝是指安全帽、安全带、安全鞋;四口是指预留洞口、电梯井口、楼梯口、通道口;五临边是指楼面临边、屋面临边、阳台临边、升降口临边、基坑临边。

思

11. 思想储存,理论储存,工程储存,安全储存,流程管理。

12. 思想重视了不等于安全保证了,机构设置了不等于发挥了作用,工作全做了不等于工作做好了,技术提高了不等于绝对安全了,制度建立了不等于制度落实了,没发现问题不等于没有问题,没有出事故不等于不会出事故。

四

13. 四必有:有台必有拦,有洞必有盖,有轴必有套,有轮必有罩。

14. 四不放过：事故原因未查清不放过；责任人员未处理不放过；整改措施未落实不放过；责任人员未处理不放过。

15. 四职责（安管人员）：建章立制定规程，救援预案要齐全；教育培训如实记，辨识评估危险源；救援演练定期演，排查隐患要全面；三违行为及时止，整改措施要落实。

深

16. 深化安全监管机制。

17. 深化安全双重预防机制。

18. 深入分析、研判灾害风险。

19. 深化重点领域开展安全专项整治。

20. 深入开展建设领域隐患排查治理。

21. 深入查摆安全管理短板与薄弱环节。

22. 深刻吸取事故教训，聚焦双零目标的落实。

23. 深入开展百日攻坚，认真排查事故隐患。

24. 深入开展安全生产大排查、大整治活动。

25. 深化安全生产专项整治，实现安全生产长治久安。

26. 深入落实公司“生命至上，预防为主”安全文化理念。

27. 深入开展安全生产隐患排查，严厉打击违法违规行为。

28. 深入开展安全月活动，全面落实安全责任，推动安全发展。

29. 深挖事故原因，吸取事故教训，制定防范措施，杜绝同类事故发生。

30. 深入开展安全生产领域风险隐患大排查大整治“百日攻坚”行动。

31. 深入学习贯彻国家安全观，奋力开创新时代国家安全工作新局面。

生

32. 生产必须安全，安全促进生产。

33. 生命高于一切，责任重于泰山。

34. 生产经营单位是事故隐患排查治理的责任主体。

35. 生命至上，预防为主；精益求精，善作善成；品质为基，客户为先；绿色发展，安全发展；以人为本，德才共举；品质铁建，联通世界。

绳

36. 绳子断在细处，事故出在松处。

实

37. 实行重大事故隐患清单制管理。

38. 实施应急计划，加强事故预防。

39. 实施“一岗一清单”安全管理模式。

40. 实施安全生产法，落实规范与制度。

41. 实施安全生产法，人人事事保安全。

42. 实现企业安全生产形势持续稳定向好。

43. 实现隐患治理“无缝隙、全覆盖、零容忍”。

44. 实行安全生产和重大事故风险“一票否决”。

45. 实行责任清单式管理，促进全员主动履职尽责。

46. 实现更高质量、更有效率、更可持续、更为安全的发展。

47. 实操训练，增强体能，应对突发，及时出动，施救迅速，救援成功。

48. 实现安全生产管理的系统化、规范化、标准化、科学化、现代化。

49. 实行谁检查、谁签字、谁负责，做到不打折扣、不留死角、不走过场，务必见到成效。

十

50. 十五个到位：有安全隐患必治理到位，有安全问题必解决到位，有安全想法必讨论到位，有安全变更必跟踪到位，有安全疑惑必沟通到位，有安全要求必贯彻到位，有安全演练必总结到位，有安全检查必闭环到位，有安全培训必跟踪到位，有安全会议必准备到位，有安全风险必警示到位，有安全出口必标识到位，有安全防护必佩戴到位，有设备开机必点检到位，有新人入职必培训到位。

事

51. 事故原因未查清楚不放过。

52. 事故责任人未受到处理不放过。

53. 事故没有制定切实可行的整改措施不放过。

54. 事故责任人和广大群众没有受到教育不放过。

55. 事前排查不留盲点，事中监管不留漏洞，事后整治不落空谈。

始

56. 始终把保护员工生命安全摆在首位。

57. 始终坚定“零事故”“零死亡”目标不动摇。

58. 始终将确保安全作为发展的前提、基础和保障。

59. 始终保持如履薄冰的高度警觉，做好安全生产各项工作，绝不能麻痹大意、掉以轻心。

守

60. 守底线，补短板，除隐患，防风险。
61. 守底线，强弱项，除隐患，防风险。

梳

62. 梳理工作思路，守住安全底线。
63. 梳理工作思路，筑牢安全防线。
64. 梳理工作思路，巩固安全成果。

树

65. 树牢安全发展理念，强化底线思维。
66. 树立安全生产“双零”目标。
67. 树立“底线思维”“红线意识”不动摇。
68. 树立安全生产“零事故、零死亡”目标。
69. 树牢安全发展理念，守住安全生产底线。
70. 树牢安全发展理念，落实安全生产责任。
71. 树立企业安全形象，促进安全文明生产。
72. 树立企业安全形象，落实安全生产责任。
73. 树牢安全发展观念，加强安全生产监督。
74. 树牢安全发展观念，加强事故预防措施。
75. 树立“培训不到位就是最大安全隐患”的意识。
76. 树牢安全发展理念，绝不能只重发展不顾安全。
77. 树立安全生产法制观念，增强安全事故防范意识。
78. 树立“安全就是竞争力”“干好在建就是最好经营”的理念。
79. 树牢安全发展理念，加强安全生产监管，切实维护人民群众生命财产安全。

谁

80. 谁检查，谁签名，谁负责。
81. 谁敢轻视安全生产，谁就可能倾家荡产。
82. 谁主管谁牵头，谁为主谁牵头。

水

83. 水是生命之源，安是生命之符。

时

84. 时刻紧绷安全管理这根弦。

示

85. 示范引领，以点带面，安全深入，务求实效。

上

86. 上下贯通，多方联动，协调有序，安全高效。

T

他

1. 他山之石，可以攻玉，事故教训要牢记。

提

2. 提升生产安全水平。
3. 提真知灼见，促安全发展。
4. 提高隐患排查和整改的质量。
5. 提高安全意识，倡导文明风尚。
6. 提高安全意识，倡导安全文化。
7. 提高安全意识，建设平安工地。
8. 提高安全意识，狠抓质量管理。
9. 提高安全意识，铸造精品工程。
10. 提高安全意识，确保施工安全。
11. 提高安全意识，注意防范工作。
12. 提高安全意识，守护幸福生活。
13. 提升应急意识，保护生命安全。
14. 提升施工安全智慧监管的能力。
15. 提前想到、提前发现、及时消除。
16. 提高政治站位，树牢安全发展理念。
17. 提升安全监管专业化的水平和权威性。
18. 提升全员安全意识，落实全员安全责任。

19. 提高全民安全意识,倡导安全文明风尚。
20. 提高全民安全意识,养成遵章守纪美德。
21. 提高职工安全意识,推动安全文明生产。
22. 提升安全素养,全面提升安全水平。
23. 提高应急反应能力,增强公共安全意识。
24. 提升基层治理能力,筑牢安全发展根基。
25. 提高安全生产意识,严格遵守操作规程。
26. 提高风险辨识的全面性、科学性和精准性。
27. 提高安全标准化、规范化、制度化管理水平。
28. 提高全员安全意识、自我防范意识和自我救治意识。
29. 提高如履薄冰的警惕性,增强时时放心不下的责任感。
30. 提升从业人员安全素质和技能,筑牢安全生产人民防线。
31. 提升一线作业人员安全意识和安全操作技能,杜绝违章作业。
32. 提升安全生产工作水平,为全方位推动高质量发展奠定安全基础。
33. 提高政治站位,加强组织领导,强化宣传引导,落实支撑保障,严格督导问效。
34. 提升安全意识,落实安全责任,改善安全环境,强化安全措施,防范安全风险。

天

35. 天大的事,安全最大。
36. 天大的事,平安回家。

统

37. 统一思想认识,认清安全形势。
38. 统筹高质量发展和高水平安全。
39. 统筹发展和安全,树牢安全发展理念。
40. 统筹安全和发展,全方位推动高质量发展。
41. 统一领导,落实责任,分级管理,全员参与。
42. 统筹安全与发展,实现高质量发展和高水平安全的良性互动。
43. 统一思想认识,认清安全形势,明确目标任务,强化责任担当,抓好工作落实。

头

44. 头顶一片天,安全的天,晴朗的天。

突

45. 突出重点狠抓落实,统筹发展与安全。

46. 突出重点，明确方向，深入排查风险隐患。
47. 突出新字抓监督，突出实字抓实效，突出严字抓安全。
48. 突出目标导向、问题导向、安全导向，实现有效衔接、充分联动。

推

49. 推动重大事故隐患动态清零。
50. 推动安全发展，强化安全基础。
51. 推进基层应急管理专业化、规范化。
52. 推动安全生产规范化、精益化管理。
53. 推动安全生产治理模式向事前预防转型。
54. 推动安全文明生产，提高职工安全意识。

同

55. 同时计划、布置、检查、总结、评比安全工作。

特

56. 特殊时段“非必要不施工、凡施工必报备、凡施工必提级管控”。

W

完

1. 完善安全生产责任制。
2. 完善安全工作机制。
3. 完善安全体系，强化工程质量。
4. 完善安全生产正向激励机制，加大安全生产奖励力度。

文

5. 文明在细节，安全需防范，安全人人抓，幸福千万家。

稳

6. 稳定安全，提高质量，再创佳绩。
7. 稳增长，提效益，保安全，求发展。
8. 稳中求进，进中求稳，减亏创效，安全增效。

问

9. 问题隐患岂可击鼓传花。

五

10. 五职责(法人):健全落实责任制,安全标准要提高;建章立制定规程,培训教育不能少;安全投入要保障,安全工作才能搞;建立机制双预控,安全隐患及时消;应急预案要制定,出了事故如实报。

11. 五定原则:定责任人、定时限、定资金、定措施、定预案。

12. 五大伤害:高处坠落、坍塌、物体打击、触电、机械伤害。

13. 五个“1”:每月至少亲自带队开展1次重大隐患排查整治;亲自组织开展1次全员安全警示教育活动;亲自组织开展1次消防安全全面排查整治;亲自组织开展1次分包安全全面排查整治;亲自组织开展并参加至少1次应急演练活动。

14. 五个责任体系:以单位主要负责人为责任人的安全生产领导体系;以业务分管负责人为责任人的安全生产组织实施体系;以技术负责人为责任人的安全技术保障体系;以现场负责人为责任人的作业控制体系;以安全总监为责任人的安全生产监督体系。

务

15. 务实安全管理,共创平安工地。

X

系

1. 系统治理重大事故隐患。

2. 系统推进现场安全管理,夯实提质增效基础。

3. 系统预控、实时预警、留痕留迹、管理闭环。

4. 系统谋划安全生产治本之策,强治本、见实效。

5. 系统提升现场管理能力,巩固筑牢安全发展基础。

6. 系统分析排查人的不安全行为、物的不安全状态、环境的不安全因素、管理的薄弱环节。

向

7. 向进度要产值,向管理要效益;向科学技术要安全,向安全生产要效益。

消

8. 消除重大事故隐患。

9. 消除安全隐患,筑牢安全防线。

10. 消除事故风险,筑牢安全防线。

11. 消除安全风险,保障作业安全。

12. 消除隐患功在当代,利在千秋。

13. 消防安全是安全生产的重要内容。

14. 消除一切安全隐患,保障生产工作安全。

15. 消除隐患促生产,关注细节保安全,打造匠心铸非凡,共同携手创示范。

行

16. 行为标准化,业务专业化,管理规范化,安全措施具体化。

17. 行为安全七步法:岗前安全一分钟;自我安全两不忘;他人安全一提醒;环境安全两步走;合理建议一奖励;应急得当两迅速;工完场清一扫除。

迅

18. 迅速动员,周密部署,结合实际,制定安全方案,细致安排,落实责任。

习

19. 习惯符合标准,标准成为习惯。

宣

20. 宣传教育行动,安全创建行动,专项治理行动,综合执法行动。

细

21. 细化安全工作方案,明确安全工作责任,强化安全工作措施,达到安全工作目标。

Y

压

1. 压紧压实安全责任链条。

2. 压紧压实安全生产责任。

3. 压实各级安全生产领导责任。
4. 压实安全生产企业主体责任。
5. 压实安全责任，防控安全风险。
6. 压实排查责任，分片包干到人。
7. 压实分包商安全管理自控责任。
8. 压紧压实安全责任，全面消除事故隐患。
9. 压实责任，强化督导；突出重点，精准排查。
10. 压实企业主体责任，推动企业加快健全安全责任体系。

严

11. 严肃事故问责。
12. 严格履行施工安全协议。
13. 严防各类火灾事故发生。
14. 严格落实企业主体责任。
15. 严格落实安全管理规定。
16. 严格问题整改闭环管理。
17. 严格易爆物品安全管理。
18. 严肃查处重大事故隐患。
19. 严肃查处每起责任事故。
20. 严抓重点环节安全管理。
21. 严格落实安全生产责任制。
22. 严防小施工、小作业惹大事。
23. 严格落实 24 小时值班值守。
24. 严格执行动火作业审批程序。
25. 严把工程源头质量和本质安全。
26. 严格执行带班生产和现场盯控。
27. 严格做好应急准备和应急处置。
28. 严格落实施工制度，确保施工安全。
29. 严格落实规章制度，确保施工安全。
30. 严格落实安全问责，强化安全责任。
31. 严守劳动纪律，遵循操作规程。
32. 严禁违规操作，确保安全生产。
33. 严为安全之本，松为事故之源。
34. 严格落实各项安全措施和方案。

35. 严格落实责任制，落实责任追究。
36. 严明劳动纪律，杜绝不安全行为。
37. 严禁脚不沾泥、走马观花式检查。
38. 严格落实危大工程专项施工方案。
39. 严禁弄虚作假骗取安全生产费用。
40. 严禁超能力、超强度、超定员生产。
41. 严格执行安全事故报告和统计制度。
42. 严格开展事故内部调查和警示教育。
43. 严格压实分包商安全管理自控责任。
44. 严格执行关键岗位24小时值班制度。
45. 严格执行重大风险监测方案审批制度。
46. 严查各类非法情况。
47. 严把安全准入关，大力推进科技兴安。
48. 严格执行关键节点安全生产条件核查。
49. 严格落实危险作业现场专人安全管理。
50. 严格落实作业人员安全教育培训制度。
51. 严格履行安全生产第一责任人的责任。
52. 严格落实有限空间作业安全监管责任。
53. 严格落实安全目标管理和安全责任奖惩制度。
54. 严肃依法依规追究违规人员的安全责任。
55. 严格检查确认复工条件。
56. 严厉查处违法分包转包、挂靠资质行为。
57. 严格遵守操作规程，提高安全生产意识。
58. 严盘细查安全隐患，精益求精防患未然。
59. 严格落实各类伤亡事故报告制度和零报告制度。
60. 严禁无方案、无交底、不按方案组织施工。
61. 严禁对安全工作高举轻放，说得多做得少。
62. 严格落实安全标准化管理，确保安全生产。
63. 严格遵守施工方案、施工计划的编制和报批程序。
64. 严守安全程序与标准，充分实现工程高效益。
65. 严肃查处瞒报、谎报、迟报、漏报事故行为。
66. 严格落实有害气体检测、有限空间技防措施。
67. 严格落实各级、各部门、各岗位的安全生产责任。
68. 严禁出现项目“带病复工”现象。

69. 严格落实安全生产及“平安工地”的主体责任。

70. 严防老旧设备、淘汰设备进入现场。

71. 严格落实防灾避险工作。

72. 严禁在施工现场违规运输、存放和使用易燃易爆物品。

73. 严格履行对专项施工方案的审核、审查与论证程序。

74. 严格落实持证上岗和从业人员先培训后上岗的制度。

75. 严是爱，松是害，疏忽大意事故来，保障安全利三代。

76. 严格执行新《安全生产法》，落实安全生产主体责任。

77. 严格执行预警响应联动机制，科学高效开展抢险救灾。

78. 严格执行危险性较大工程专项施工方案专家论证制度。

79. 严格执行油料等易燃易爆物品和材料的保管和使用制度。

80. 严厉查处不培训、假培训、未持证、持假证等违法违规行为。

81. 严格动火、吊装、高空作业等风险评估、审批管控和措施落实。

82. 严格规章制度，确保安全生产，治理事故隐患，监督危险作业。

83. 严禁以文件落实文件，严禁以会议落实会议，严禁基层项目安全责任悬空。

84. 严肃查处不按设计标准和方案交底施工、违章冒险作业等突出问题。

85. 严禁对排查整治工作不重视、不认真、走形式、走过场、敷衍了事。

86. 严格执行技术标准、作业标准、工艺流程、卡控要点等各项管控措施。

87. 严禁对违法行为的宽，日常监管的松，执法处罚的软，安全检查的虚。

88. 严禁使用货运车辆、客货两用车辆、三轮车及其他施工机械载人上下班。

89. 严禁聘请和招用未经安全培训合格、未取得相关证书的人员在特种作业岗位上作业。

眼

90. 眼睛向内，深入反思，查找问题，解决问题。

91. 眼睛向内，深入反思，查找隐患，消灭隐患。

要

92. 要加大隐患整改治理力度。

93. 要加强安全监管执法队伍建设。

94. 要始终坚持事故可防可控的理念。

95. 要建立健全安全生产责任体系。

96. 要牢固树立安全就是最大的效益理念。

97. 要强化安全生产领域科技创新的支撑。

98. 要把安全责任落实到岗、落实到人。
99. 要坚决扛起安全生产第一责任人的责任。
100. 要切实把责任扛在肩上、把实招硬招抓在手上。
101. 要切实夯实基层基础，提升基层应急管理能力。
102. 要充分认识到安全就是效益，安全就是核心竞争力。
103. 要紧盯安全监管重点难点，全力抓好当前安全工作。
104. 要着眼提升安全治理水平，扎实推进治本攻坚行动。
105. 要增强安全危机意识，深刻认识安全的重要性。
106. 要强化终端安全管控，抓实抓细施工现场安全管理。
107. 要统筹好安全和生产进度，坚决做到不安全不生产。
108. 要清醒认识到谁敢轻视安全生产，谁就可能倾家荡产。
109. 要统筹好安全和效益，坚持安全就是最大的效益理念。
110. 要高度重视安全防护设施、器材和劳动保护用品的投入。
111. 要牢固树立安全生产就是最大的竞争力、核心竞争力理念。
112. 要坚决摒弃只抓经营、不抓生产，只顾生产、不顾安全的错误做法。
113. 要正确认识和处理安全与经营，安全与进度，安全与效益的关系。
114. 要坚决落实安全生产责任制，切实做到党政同责、一岗双责、失职追责。
115. 要继续开展安全生产大检查，做到“全覆盖、零容忍、严执法、重实效”。
116. 要摒弃对待安全时“说起来重要，做起来次要，忙起来不要”的工作作风。
117. 要吸取安全事故带来的教训，强化安全责任，改进安全监管，落实防范措施。

一

118. 一切事故都是可防可控的。
119. 一手抓安全不放松，一手抓发展不动摇。

依

120. 依法严肃查处违法违规行为。
121. 依法严格管理，确保质量安全。
122. 依法监管，公正执法，确保安全。

以

123. 以人为本，安全第一。
124. 以人为本，重在平安。
125. 以案说话，以案示警。

126. 以安全之桨，撑发展之舟。

127. 以教育培训提升全员安全意识。

128. 以高水平安全保障高质量发展。

129. 以精准考核推动安全管理精细化。

130. 以数智化手段推进高效安全管理。

131. 以数智化赋能为手段助推科技强安。

132. 以责任到位推动安全制度措施到位。

133. 以安全文化建设提升行为安全水平。

134. 以安全的方式制止员工不安全的行为。

135. 以制度创新解决安全生产中的瓶颈问题。

136. 以安全管理为主线，以工程质量为宗旨。

137. 以时时放心不下的责任感来抓安全生产。

138. 以扎实过硬的作风扭转安全生产的被动局面。

139. 以强有力的措施扎实开展隐患排查治理。

140. 以尽职履责的担当夯实安全生产主体责任。

141. 以信息化赋能助力终端安全管控扎实落地。

142. 以人为本、安全健康、科学发展、和谐发展。

143. 以案为鉴，眼睛向内，举一反三，吸取教训。

144. 以工装保工艺、以工艺保质量、以质量保安全。

145. 以标准化施工、精细化管理建造精品优质安全工程。

146. 以宁可十防九空、不可失防万一的严谨态度来抓安全生产。

147. 以管理达质量，以质量保安全，以安全促进度，以进度求效益。

148. 以“时时放心不下”的责任感、使命感、紧迫感抓好安全生产工作。

149. 以精为针，以细为线，以安为盾，编织项目高质量建设、企业高质量发展锦绣蓝图。

150. 以人为本，安全为先，预防为主，持续发展。

隐

151. 隐患排查不清楚不放过。

152. 隐患问题整改不彻底不放过。

153. 隐患整治效果不理想不放过。

154. 隐患攻坚、强基固本、提升效能。

155. 隐患再小不放过，任务再急要沉着。

156. 隐患就是事故，事故就一定要处理。

157. 隐患不解决不放过，整改不到位不放过。

158. 隐患事故苗头早发现，安全管理措施早落实。

159. 隐患是火灾的导火索，责任是安全的铺路石。

160. 隐患问题，逐个整改，逐个验收。

应

161. 应急抢险，使命必达。

162. 应急管理重在应对、快速处置。

用

163. 用法律之犁耕好安全生产责任田。

164. 用您的责任和细心，谱写安全的永恒旋律。

165. 用法治思维和法治手段解决安全生产问题。

166. 用科技创新赋能安全生产，提升企业安全水平。

167. 用一流的管理，干一流的工程，建一流的平安，创一流的效益。

有

168. 有针对性地开展安全监督检查。

169. 有效遏制重特大安全生产事故。

170. 有效沟通是解决安全问题的最佳途径。

预

171. 预防为主，防治结合，共创安全职业卫生环境。

172. 预防为主，生命至上，警钟长鸣，消防安全常抓不懈。

173. 预防为主，平战结合；战之必胜，永不言败；应急抢险，使命必达；快速反应，高效出击；紧急驰援，协同作战。

运

174. 运用法治思维和法治方式推动安全生产工作。

营

175. 营造安全环境，促进安全发展。

演

176. 演练须定期练，认真练。

源

177. 源头管理，过程控制，应急救援，事故查处。

Z

扎

1. 扎实开展安全生产百日攻坚行动，坚守安全底线。
2. 扎实做好防灾应急物资储备，宁可备而不用，不可用时无备。
3. 扎实开展安全生产百日攻坚战行动，促进安全生产持续稳定发展。

灾

4. 灾害无小事，预防要及时。
5. 灾害常生于疏忽，祸患多起于细末。灾害发生不可见，应急处置早准备。

真

6. 真查问题，查真问题。
7. 真正做到以案为鉴、以案促改。
8. 真正做到查真、查实、真查、真改。
9. 真正建立安全发展理念，绝不能犯颠覆性错误。
10. 真正筑牢安全思想防线、全员责任防线、风险管控防线、隐患治理防线和应急兜底防线。

正

11. 正确认识和处理安全与经营、安全与进度、安全与效益的关系。

治

12. 治理隐患，保障安全。
13. 治病要趁早，安全要抓小。
14. 治理隐患，防范事故，综合治理，保障安全。

重

15. 重大隐患要挂牌督办。

16. 重拳出击，开展打非治违。

17. 重大事故隐患实行闭环管理。

18. 重发展轻安全，到头来一场空。

19. 重赏重奖，激励安全生产隐患举报。

20. 重发展轻安全，安全将会制约发展。

21. 重质量，精益求精；抓安全，以人为本。

22. 重拳出击，强化安全监管，严惩违法违规行为。

23. 重在落实责任，重在消除隐患，重在防范安全事故。

24. 重要安全工作亲自部署、重大安全问题亲自过问、重要安全环节亲自协调、重要安全事项亲自督办。

筑

25. 筑牢安全思想防线。

26. 筑牢全员责任防线。

27. 筑牢风险管控防线。

28. 筑牢隐患治理防线。

29. 筑牢应急兜底防线。

30. 筑牢安全防控体系，强化应急响应能力。

抓

31. 抓好安全生产，促进经济发展。

32. 抓好警示教育，培育安全文化。

33. 抓安全，促生产，讲效率，出成果。

34. 抓管理，强队伍，提质量，保安全。

35. 抓实、抓细、抓好安全生产各项工作。

36. 抓进度，保安全，全力打造安全工程。

37. 抓基础从小处着眼，防隐患从细节着手。

38. 抓安全，重推进，确保百日会战全面胜利。

39. 抓意识，抓责任，抓安全，抓关键，抓隐患，抓治理。

40. 抓安全，克难点，保节点，全面掀起施工建设大干新高潮。

41. 抓紧建立健全“党政同责、一岗双责、齐抓共管”的安全生产责任体系。

专

42. 专心工作为首要，质量安全皆做到。

43. 专管成线，群管成网，齐抓共管，安全保障。

44. 专管成线，群管成网，上下结合，事故难藏。

转

45. 转观念，防风险，保安全。

着

46. 着力消减重大风险。

47. 着力推进更高水平安全发展。

48. 着力提高安全生产法治化水平。

49. 着力加强自身应急救援队伍建设。

50. 着力实现重大事故隐患动态清零。

51. 着力管控重大安全风险，着力消除重大事故隐患。

52. 着力从根本上消除事故隐患、从根本上解决问题。

53. 着力实现“要我安全”，向“我要安全”“我会安全”的转变。

54. 着力把风险控制在隐患形成之前，把隐患消灭在事故发生之际。

55. 着力构建横向互通、纵向联通、资源共享、协同配合的应急救援指挥网络。

56. 着力增强“一把手”的安全生产政治意识、大局意识、责任意识。

57. 着力堵塞漏洞、消除隐患，着力抓重点、抓关键、抓薄弱环节，不断提高公共安全水平。

58. 着力健全从根本上消除事故隐患的安全生产责任体系、制度体系和预防控制体系。

59. 着力提升素质、落实责任、健全体系、强化预防、终端管控、科技兴安。

60. 着力建设与新时代中国铁建文化内涵相一致，与企业发展战略相适应，符合自身安全管理需要的特色安全文化。

资

61. 资源配置合理，安全投入到位。

组

62. 组织安全隐患大排查，降低事故风险。

63. 组织排查整改重大事故隐患，防范事故发生。

做

64. 做实精细化管理、赋能高质量安全发展。

65. 做到全员晓安全、知敬畏、存戒惧、守底线。

66. 做到安全排查“全覆盖”、问题“零容忍”、整治“重实效”。
67. 做到施工现场安全防护标准化、场容场貌规范化、安全管理程序化。
68. 做到安全投入到位、安全培训到位、基础管理到位、应急救援到位。
69. 做到安全生产人人有职责、件件有目标、事事有人管、层层落实责任。
70. 做到安全全方位、管理全链条、设备全周期、人员全覆盖。

质

71. 质量是立足之本，安全是发展之基。
72. 质量是生命的保障，安全是生命的保障。
73. 质量管理精益求精，安全防范精细到位。
74. 质量求生存，管理出效益，安全促发展。

注

75. 注重提高安全监督检查的精准性和工作实效。

找

76. 找短板，强弱项，想对策，定措施，保安全。

整

77. 整顿思想，整顿作风，整顿现场安全。

责

78. 责任心是安全之魂，标准化是安全之本。
79. 责任到位，措施到位，执行到位，安全监督到位。

针

80. 针对事故找原因，剖析事故要教训。

制

81. 制度严格漏洞少，措施得力安全好。

第四篇　消防安全

A

爱

1. 爱护生命，珍惜财产，搞好消防。

安

2. 安全合规燃放烟花爆竹。

3. 安全生产，从防火做起。

4. 安全能聚千家财，火灾可烧万户心。

B

报

1. 报警早，损失小；边报警，边扑救；先控制，后灭火；先救人，后救物；防中毒，防窒息；听指挥，莫惊慌。

C

常

1. 常见火灾隐患，定是管理不善。

2. 常见火灾隐患，抓紧措施完善。

3. 常见火灾隐患，隐患不除要完蛋。

4. 常见火灾隐患，侥幸心理要完蛋。

5. 常见火灾隐患，不要装作没看见。

6. 常见火灾隐患，火灾无情损千万。

7. 常见火灾隐患，装聋作哑要负责。

8. 常见火灾隐患，人人有责都要管。

持

9. 持续开展消防安全隐患大排查。

10. 持续开展消防安全督导检查工作。

D

点

1. 点点火苗，火灾之源。

2. 点点火种，有可能是希望，有可能是灾难。

3. 点点火种，小心呵护成希望，粗心大意成灾难。

懂

4. 懂火灾危险性，会报警、会逃生、会扑救初起火灾。

F

防

1. 防火一松，人财两空。

2. 防火常抓，青山常在。

3. 防止火灾，消除隐患。

4. 防患于未然，消防从我做起。

5. 防火不分四季，时刻保持警惕。

6. 防范火灾风险，保障生命安全。

7. 防火知识懂一点，火灾危险远一点。

8. 防火须不放过一点火种，防事故须勿存半点侥幸。

9. 防火门是阻挡火焰和烟气进入逃生通道，保障人员能够安全逃生的安全门，为了你和大家的生命及公共安全，开启后请务必关闭防火门。

G

公

1. 公共楼道堆杂物，火灾逃生拦路虎。

关

2. 关注消防，关爱生命，共筑平安。

3. 关注消防消除火灾，珍惜生命减灾避难。

贯

4. 贯彻消防法规，落实消防责任。

H

火

1. 火灾无情，防火先行。

2. 火灾不留情，警钟要长鸣。

3. 火灾猛于虎，防患于未“燃”。

4. 火无情人有情，齐防火共安宁。

5. 火场逃生有妙计，捂鼻匍匐披湿衣。

6. 火源严管，预防为主，消防安全，共创美好。

7. 火场逃生“十三诀”：第一诀：逃生预演，临危不乱；第二诀：熟悉环境，牢记出口；第三诀：通道出口，畅通无阻；第四诀：扑灭小火，惠及他人；第五诀：明辨方向，迅速撤离；第六诀：不入险地，不贪财物；第七诀：简易防护，捂鼻匍匐；第八诀：善用通道，莫入电梯；第九诀：冷静逃生，滑绳自救；第十诀：避难场所，固守待援；第十一诀：缓晃轻抛，寻求援助；第十二诀：火已及身，切勿惊跑；第十三诀：跳楼有术，虽损求生。

J

加

1. 加强消防演练，提高员工消防安全意识。

2. 加强消防安全教育，提高消防安全意识。

3. 加强消防安全学习，提升你我安全意识。

4. 加强消防宣传，提高全民防火安全意识。

5. 加强消防安全宣传教育，提高全民消防安全素质。

建

6. 建立健全消防管理制度。

坚

7. 坚持贯彻“预防为主、防消结合”的消防工作方针。

检

8. 检查消除火灾隐患能力，扑救初起火灾能力，组织疏散逃生能力，消防宣传教育能力。

及

9. 及时消除安全隐患，全面降低火灾风险。

K

可

1. 可燃物不清干净不走。

L

楼

1. 楼道停放电动车，易发火灾损失多。

2. 楼道不停电动车，远离火灾幸福多。

3. 楼道起火积浓烟，退守房中待救援。

履

4. 履行消防安全职责，规范消防安全行为。

5. 履行消防安全职责，规范消防安全管理。

落

6. 落实消防责任，防范安全风险。
7. 落实消防责任，消除安全隐患。
8. 落实“安全自查、隐患自除、责任自负”，履行消防安全主体责任。

M

灭

1. 灭火器使用四步曲，一提二拔三压四喷。

没

2. 没有“动火作业证”不动火，没有防火措施或动火措施不落实不动火，没有监护人不动火。

P

普

1. 普及消防知识，增强防火观念。
2. 普及消防知识，提高防火意识。

Q

全

1. 全民消防，生命至上。
2. 全面落实消防安全责任，联合共建打造平安工地。

企

3. 企业效益最重要，防火安全第一条。

强

4. 强化消防监督，消除火灾隐患。

5. 强化消防宣传，普及消防知识。

6. 强化关键岗位消防安全责任的落实。

R

人

1. 人人树立防火观念，家家消除火灾隐患。

S

熟

1. 熟悉环境，牢记出口；保持冷静，明辨方向，迅速撤离；简易防护，蒙鼻前行；善用通道，莫入电梯；互帮互助，利人利己。

W

万

1. 万千产品堆成山，一星火源毁于旦。

2. 万人防火不算多，一人失火闯大祸。

未

3. 未雨绸缪，防火灭火，全民参与，共筑平安。

X

消

1. 消防安全，人人参与。

2. 消除火灾隐患，构建和谐社会。

3. 消除火灾隐患，构建平安工地。

4. 消除火灾隐患，永保家园平安。

5. 消除火险隐患，确保防火安全。

6. 消防安全人人抓，预防火灾靠大家。

7. 消防常识进万家，平安相伴你我他。

8. 消防常识要学好，消防器材要完好。

9. 消防常识永不忘，遇到火情不惊慌。

10. 消防连着你我他，保障安全靠大家。

11. 消防情系你我他，预防火灾靠大家。

12. 消防设施别乱动，扑救火灾有大用。

13. 消防事关你我他，安全系着千万家。

14. 消防事关千万家，平安和谐靠大家。

小

15. 小火灭，大火逃。

学

16. 学一点消防知识，添一份平安幸福。

Y

压

1. 压实消防安全责任。

2. 压紧压实消防安全主体责任。

严

3. 严防小火大灾。

4. 严禁堵塞消防安全通道。

5. 严格遵守消防法律法规。

6. 严禁卧床吸烟、乱扔烟头。

7. 严禁损坏消防设施、器材。

8. 严禁擅自拆改消防设备设施。

9. 严禁在生产厂区内随意用火。
10. 严格执行动火作业审批程序。
11. 严禁携带易燃易爆物品进入宿舍。
12. 严格落实全员消防培训、疏散演练。
13. 严禁在室内违规使用明火,乱扔烟头。
14. 严禁使用易燃材料、可燃材料装修装饰。
15. 严格落实电源、火源、气源安全防范措施。
16. 严格落实消防安全措施检查和作业过程监督。
17. 严禁私自存放汽油、乙醇、香蕉水等易燃液体。
18. 严格落实动火、用电、用气和用油等消防安全管理措施。
19. 严格管理易燃易爆物品,及时清理易燃杂物,保证疏散通道畅通。

依

20. 依法保护消防设施,提高自防自救能力。

用

21. 用火设备火源不熄灭不走。
22. 用电设备不拉闸断电不走。
23. 用火防火不失火,为国为家也为我。

一

24. 一人把关一处安,众人防火稳如山。

Z

增

1. 增强全民消防意识,提高全民消防素质。

掌

2. 掌握消防安全知识,遵守消防安全法规。

珍

3. 珍惜生命,远离火患,关注消防。

4. 珍爱生命，消防安全，人人有责。

5. 珍惜生命从防火做起，杜绝隐患从自我做起。

抓

6. 抓消防安全，保高质量发展。

主

7. 主动落实消防安全主体责任。

制

8. 制定灭火预案和疏散方案，定期开展消防演练。

第五篇　森林防火安全

A

爱

1. 爱花爱草爱森林，无视防火等于零。
2. 爱情火花最甜蜜，森林火花最无情。
3. 爱绿护绿，保护环境，安全防火，珍惜资源。

B

保

1. 保护森林，“火”速离开。
2. 保护绿色生态，严防森林火灾。

D

打

1. 打防结合除火灾隐患，保护生态和绿水青山。

F

防

1. 防火意识人人拥有，绿色家园天长地久。
2. 防森林火灾，保绿色家园，筑生态屏障。

G

管

1. 管好星星火，保住片片林。
2. 管好星星之火，勿成燎原之势。

H

护

1. 护林防火，警钟长鸣。
2. 护住家园，防火防灾，守护家人。
3. 护住家园，防火防灾，保住根基。

火

4. 火源不入山，森林才平安。
5. 火源不进山，大火不烧山。
6. 火带给人类的是文明，但带给森林的是覆灭。

J

加

1. 加强森林火灾防护，保护森林资源环境。

进

2. 进山不带火，森林才平安。

警

3. 警钟长鸣，防火护林。

建

4. 建设秀美山川，护林防火要当先。

K

靠

1. 靠近林区,禁止吸烟。

L

林

1. 林区火灾重防范,严控火源是关键。
2. 林区用火需谨慎,引发山火法不容。
3. 林区防火千秋业,生态安全万代兴。

绿

4. 绿水青山,国泰民安;护林防火,你我有责任。

Q

千

1. 千亩林万亩林,无视防火等于零。

全

2. 全民护林,人人有责。
3. 全民总动员,防火保安全。

R

让

1. 让火灾远离森林,让绿色点缀人间。
2. 让绿色拥抱大地,让火灾远离森林。

人

3. 人人防火，树树平安，时时防火，国泰民安。

S

森

1. 森林防火，人人有责。
2. 森林防火，措施到位。
3. 森林防火，义不容辞。
4. 森林防火，火种远离。
5. 森林防火，星火必灭。
6. 森林着火，万物凋零。
7. 森林护我家，防火靠大家。
8. 森林着火，小火灭，大火逃。
9. 森林防火是全社会的共同职责。
10. 森林防火常年抓，保护森林靠大家。
11. 森林防火记心上，人人护林理应当。
12. 森林火灾危害大，万物俱毁难恢复。
13. 森林火灾危害大，万物生灵失去家。
14. 森林火灾重防范，严控火源是关键。
15. 森林是地球最美丽的外衣，火灾是森林最凶恶的敌人。

山

16. 山有人管，林有人护，安全防火有人担。
17. 山水无情人有情，森林防护保山青。

时

18. 时时抓火灾隐患，岁岁保林区平安。

生

19. 生态和谐人人创，森林防火人人防。

T

天

1. 天干物燥，小心火烛。

X

星

1. 星火可毁千顷绿，警惕呵护万亩林。
2. 星火酿大祸祸及绿色，防患须小心心系森林。

消

3. 消除火灾隐患，构筑平安林区。

Y

严

1. 严防森林火灾，保护绿色成果。
2. 严防森林火灾，共享森林美景。
3. 严控火种火源，防范林区、草原等火灾。
4. 严禁违反森林防火规定，违规在防火区吸烟或野外用火。

野

5. 野火无情防为主，违章用火法必究。
6. 野火香烟，星星点点都是敌，谢绝点燃。

一

7. 一点星星火，可毁万亩林。
8. 一时疏忽酿山火，终身遗憾责难逃。

悠

9. 悠悠森林情，寸寸防火心。

Z

栽

1. 栽树千日功，毁林半日空。

抓

2. 抓预防管火源，群防群治是关键。

第六篇　生活安全

A

爱

1. 爱自己爱家园，驱除火灾隐患。

安

2. 安全能聚千家财，火灾可烧万户心。

B

不

1. 不忘初心众志成城，牢记使命群防群控。

保

2. 保障信息安全，严防电信诈骗。

C

出

1. 出门在外，安全第一。
2. 出门在外，安全最大。
3. 出门在外，平安是福。
4. 出门在外，安全靠己。
5. 出门在外，警惕危险。
6. 出门在外，谨防诈骗。

7. 出门在外，时刻注意安全。
8. 出门时熄火断电关燃气。

D

大

1. 大火都由小火起，快灭小火莫迟疑。

H

呵

1. 呵护家人，关注生命，注重安全，保持健康。

J

健

1. 健康的身体离不开锻炼，美满的家庭离不开安全。

建

2. 建设安全健康、设施完善、管理有序的居住社区。

X

小

1. 小小烟头莫小看，随便乱扔留隐患。
2. 小小烟头莫小看，引燃火灾毁千万。
3. 小小烟头莫小看，火苗因它开始蹿。
4. 小小烟头莫小看，追悔莫及损千万。

Y

用

1. 用火不离人,离人不用火。

第七篇 环境安全

B

保

1. 保护蓝天同呼吸,治理雾霾共行动。
2. 保护环境人人有责,绿色生活人人共享。

G

构

1. 构建和谐社会大环境,倡导文明环保新气象。

关

2. 关心扬尘治理,还你清新空气。

H

呵

1. 呵护好地球家园,守护好绿水青山。

狠

2. 狠抓工地扬尘治理,打赢蓝天保卫战。

环

3. 环境好,空气好,生活才好。

4. 环境保护是我国一项基本国策。
5. 环境与人共存,建设与保护共存。
6. 环境与人类共存,开发建设与环境保护协调。
7. 环境就是民生,青山就是美丽,蓝天也是幸福。
8. 环境与安全,时代的强音;平安与健康,生命的赞歌。

J

积

1. 积极应对气候变化,推动绿色低碳发展。

坚

2. 坚持文明施工,倡导绿色环保。

节

3. 节能降碳,绿色发展,低碳生活,绿建未来。

K

科

1. 科学规划,技术创新,保护生态,安全可靠。

Q

强

1. 强化扬尘防治,共建绿色工地。
2. 强化生产建设项目监管,保障水土资源永续利用。

青

3. 青山绿水生态民生,防火控险长治久安。

R

让

1. 让环保扎根现在，用绿色昭示未来。

人

2. 人人参与，保护生态环境，齐心协力，共建绿色家园。

T

提

1. 提高环境质量，推动绿色发展。
2. 提高环保意识，共建生态文明。

W

维

1. 维护生态安全，传播绿色健康。

Y

扬

1. 扬尘防治个个出力，美好环境人人受益。

依

2. 依法防治水土流失，全民呵护绿水青山。

严

3. 严防出现高空飘尘现象。

第八篇 铁路安全

B

保

1. 保障铁路工程建设安全稳定。

G

构

1. 构建现代化铁路安全保障体系。

J

坚

1. 坚持绿色发展理念,打造绿色生态高铁。
2. 坚决守住高铁和旅客列车安全万无一失的职业底线。
3. 坚决把高原铁路建设成为精品工程,安全工程,绿色工程,创新工程,廉洁工程。

紧

4. 紧盯高铁和旅客列车安全。

T

铁

1. 铁路连着你我他,安全畅通靠大家。

2. 铁路建设安全生产形势持续稳定向好。

推

3. 推动铁路工程向智能建造、绿色建造、安全建造发展。

Y

严

1. 严禁扒乘和攀附列车。
2. 严禁在铁道上放置障碍物。
3. 严禁在铁路道上行走、坐卧。
4. 严禁在铁道上聚集聊天、打闹。
5. 严禁移动或拆卸铁路设备和器材。
6. 严防触碰质量安全红线的问题。
7. 严禁在铁路附近放牧、取土、砍树。
8. 严禁用石头、砖头等杂物击打列车。

Z

争

1. 争做高铁建设火车头，当好生态文明安全建设排头兵。

第九篇 公路安全

L

沥

1. 沥青作业场所必须配备消防器材及消防沙。
2. 沥青作业必须防火、防爆、防烫伤、防中毒。

Y

严

1. 严禁上下交叉双重施工。
2. 严禁机械与人工同时上下作业。
3. 严禁熬制沥青油时跨越油锅、油灶。

第十篇　房建安全

J

坚

1. 坚决遏制建筑施工领域重特大生产安全事故。

Q

切

1. 切实提高住建领域风险隐患排查整改质量。

第十一篇　隧道、地下工程安全

C

超

1. 超前钻，水平钻，探情况，早预防。

D

洞

1. 洞中水，防涌水，备水泵，随时抽。
2. 洞内支护，随挖随支护；勤观察，测变形；超规范，要预警；防坍塌，早准备。

J

进

1. 进隧道，戴防护；遵规章，听指挥。
2. 进洞车辆，应制动有效；严禁超载、超高运输。

K

开

1. 开挖前，先排险，清危石，强支护。

Q

勤

1. 勤通风，散烟尘，清空气，畅呼吸，保健康。

X

先

1. 先治水，短开挖，弱爆破，先护顶，强支护，早衬砌。

Y

严

1. 严禁在残眼中打眼。
2. 严禁在加工房以外的地方改制和加工爆破器材。
3. 严防因外部违规施工导致危及地铁结构安全的事故发生。

Z

照

1. 照明电压，安全电压，专人看护，随时维护。

第十二篇 桥梁安全

D

导

1. 导梁安装及危险作业应制定方案，统一指挥。

G

高

1. 高处作业，禁止交叉作业。
2. 高处作业，平台栏杆到位，安全网到位。
3. 高处作业，定期体检；戴安全带，穿防滑鞋；临边防护，措施到位。

J

基

1. 基坑四周严禁堆放材料、停放机具。
2. 基坑内防水泡，勤抽水，备机具，防坍塌。

架

3. 架桥机，危险机；按设计，拼装好；设缆绳，固定好；前支点，后支点，平稳点；缓前移，慢横动，保平衡，防倾覆。

脚

4. 脚手架，规矩搭；立立杆，要竖直；扣横杆，水平杆；剪刀撑，连续撑；固定杆，扣牢墩；高手架，拉风缆，防倾覆。

L

立

1. 立体施工区，布设安全网。
2. 立支架，垫实基；立支杆，要竖直；扣横杆，水平杆；剪刀撑，连续撑。

缆

3. 缆索吊装，危险作业，全面检查，专业培训，严禁超载。

龙

4. 龙门吊，危险吊；防超载，防摇摆；防变形，平衡移。

M

木

1. 木工机，传动件，防护件；操作时，戴目镜，衣袖口，要扣紧。

Q

勤

1. 勤查坑壁有无异样，防止坍塌发生事故。

千

2. 千斤顶，顶重物，顶重心；垫垫木，相同木；多个顶，同步顶。

切

3. 切钢筋，先试转；切长料，专人护；绑钢筋，临时撑。

W

挖

1. 挖孔桩,危险桩,严施工,措施到,防塌孔。
2. 挖孔桩,危险桩,浅钻眼,控药量,弱爆破。
3. 挖孔桩,危险桩,控二氧,勤通风,勤检查。
4. 挖孔桩,危险桩,十五米,达极限,严超挖。

Y

严

1. 严防高处坠落。

运

2. 运大件,路平顺;加斜撑,防倾覆。

预

3. 预应力,张拉前,要检查;安全阀,要灵敏;张拉中,莫站中;边张拉,边听声;有断丝,张拉停。

Z

钻

1. 钻孔桩,常用桩,莫大意,易掉钻,易塌孔。
2. 钻孔桩,常用桩,若掉钻,用工具,禁下人。

装

3. 装模板,强支撑,防跑模,防倾覆。

第十三篇 用电安全

A

安

1. 安全用电，警钟长鸣；随时检查，安全保险。

D

电

1. 电工作业，安全值守。
2. 电焊作业，安全值守。
3. 电焊作业，提前报备。
4. 电线下，莫站立，远离它。
5. 电火花，危害大，远离它。
6. 电工作业，特种作业，持证上岗。
7. 电缆线架空线，私拉乱接是隐患。
8. 电缆线架空线，不要成为漏电线。
9. 电缆线架空线，不要拖地空中挂。
10. 电动车不上楼，消防意识心中有。
11. 电线下，莫盖房，真危险，祸难防。
12. 电器不可超负荷，周边杂物不能搁。
13. 电器不可超负荷，易发火灾损失多。
14. 电器不可超负荷，线路易燃引大火。
15. 电焊作业戴手套，电工作业防护套。
16. 电焊作业戴面罩，防止灼伤脸或眼。
17. 电工作业危险多，注意安全措施多。
18. 电工常识要掌握，熟练技能多保险。

19. 电线拖地易漏电,用手拖拉易触电。
20. 电网连着千万家,安全系着你我他。
21. 电线不得接触易燃易爆高温潮湿的管道。
22. 电工作业,注意安全,拉闸断电,防止触电。

F

防

1. 防止电击、电烧伤、短路、过载、静电。

G

高

1. 高压危险,请勿触摸。
2. 高压危险,请勿靠近。

规

3. 规范临电管理,确保本质安全。

J

禁

1. 禁止越过遮拦巡视高压设备。

机

2. 机械设备不得靠近架空输电线路作业。

Y

严

1. 严禁电线私拉乱接。

2. 严禁私自改动电气线路。

3. 严禁违规使用大功率电器。

4. 严禁攀爬变压器台、电线杆。

5. 严禁将电线缠绕在钢筋、树木、脚手架上。

6. 严禁在宿舍内私拉乱接电线、使用大功率电器。

7. 严禁违规使用未经产品质量认证的大功率电器。

8. 严禁在现场利用铁丝、铝丝等非专用熔丝代替熔断器。

9. 严格落实“月计划、周安排、日管控”的施工作业要求。

预

10. 预防触电，防范事故。

用

11. 用电设备须接地，接地电阻要合规。

Z

注

1. 注意安全用电，防止触电事故。

做

2. 做好电网防火墙，幸福全家人。

3. 做到广大员工不违章、拒绝违章、监督管理违章。

第十四篇　设备安全

B

不

1. 不得使用大功率电器设备。
2. 不得使用已淘汰的电气焊设备。
3. 不得使用不合格的电器设备。
4. 不得使用已淘汰的或危及安全的电气焊设备。
5. 不得使用应当淘汰的危及生产安全的工艺。

C

齿

1. 齿轮外露必有防护罩。

F

防

1. 防止因设备陈旧、安全设施缺陷等导致事故发生。

J

坚

1. 坚决淘汰危及生产安全的落后技术和装备。

检

2. 检修设备要挂牌，停电以后再接线。

禁

3. 禁止使用未经检验合格、无安全保障的特种设备。

机

4. 机械设备常做检查，消除隐患预防事故。

S

四

1. 四不修：带电不修、带压不修、高温不修、无专用工具不修。

2. 四停用：无连锁防护停用、无接地漏电保护停用、无岗前培训停用、无安全操作规程停用。

3. 四不动：不懂机台莫乱动，留意机台把你碰；车况不明莫乱动，出了事故说不清；车不停稳不能动，修车停稳再开工；他人机台不能动，以免开坏断供应。

设

4. 设备巡检要细心，运行操作要认真。

5. 设备管理：机械设备要完好，防护装置不可少；危险部位措施全，有轮部位必有罩；有洞口处必有盖，有轴头处必有套；有高平台必有栏，有轧点必有挡板；有特危必有连锁，设备管理记心间。

谁

6. 谁维修、谁签字、谁负责。

T

提

1. 提升重物，严禁自由下落。

Y

严

1. 严禁机械设备带缺陷运转。
2. 严禁穿拖鞋驾驶。
3. 严禁非载人起重机载运人员。
4. 严禁酒后操作、驾驶机械设备。
5. 严禁将所驾车辆或机械交由他人驾驶。
6. 严禁无关人员进入作业区和操作室内。
7. 严格遵守大型(特种)机械设备安全管理制度。
8. 严禁无证驾驶。
9. 严禁超载带人和自卸车、施工机械载人。
10. 严禁挖机铲斗从运土车驾驶室顶上越过。
11. 严格遵守特种设备管理制度,禁止无证操作。
12. 严防老旧设备、淘汰设备、缺陷设备进入现场。
13. 严禁无证、疲劳、超速、超载、超限等违章作业。
14. 严禁拆除机械设备上的自动控制机构、力矩限位器等安全装置。
15. 严禁在发动机未熄火,下无支垫三角木的情况下进行机下检修。
16. 严禁拆除机械设备上的监测、指示、仪表、警报器等自动报警、信号装置。

第十五篇　交通安全

A

安

1. 安全驾驶，平安回家。
2. 安全不安全，慢行最关键。
3. 安全带平安带，前排后排都要戴。
4. 安全行车三件宝，车良技高思想好。

B

不

1. 不强行，不抢行，有序通行。
2. 不强行，不抢行，适时通行。
3. 不强行，不抢行，听号通行。
4. 不强行，不抢行，观察通行。
5. 不强行，不抢行，安全通行。
6. 不强行，不抢行，保通行，促畅通，听号排队，昼夜不停。

C

超

1. 超载超员，事故之源。

乘

2. 乘车系好安全带，出了事故少伤害。

D

道

1. 道路安全，人人守护。
2. 道路交叉口，礼让行人。
3. 道路滑，注安全，防摔倒。
4. 道路狭窄，车辆慢行，安全第一。
5. 道路交叉口，车辆慢行，先让行人。
6. 道路宽，心别宽，小心驾驶，安全回家。
7. 道路交叉口，眼观四路，耳听八方，安全通行。
8. 道路千万条，安全第一条，行车不规范，亲人两行泪。
9. 道路陡，手别抖，握紧盘，眼看前，脚踩刹，别加油，稳住车，防溜车。

F

发

1. 发生事故或故障，车靠边，人撤离，速报警。

J

讲

1. 讲究交通公德，遵守交通法规。

交

2. 交通法规在心中，安全时刻不放松。

绝

3. 绝不超载，安全第一。

K

开

1. 开车不喝酒,喝酒不开车。

空

2. 空车让重车,重车减速行驶。
3. 空车礼让重车,小车礼让大车。

N

宁

1. 宁慢一分,不快一秒。
2. 宁停三分为安全,礼让三分保平安。

Q

前

1. 前方急转弯,你可别撒欢。

R

让

1. 让出平安,抢出祸端。
2. 让一步桥宽路阔,等一时车顺人乐。

S

守

1. 守护生命一盔一带,安全出行有我有你。

W

文

1. 文明交通，安全出行。

2. 文明行车，安全驾驶。

3. 文明驾驶，请系好安全带，严禁抽烟或接打电话。

X

下

1. 下坡车辆主动让上坡车辆。

行

2. 行车不规范，亲人两行泪。

Y

严

1. 严禁违法超载超限。

2. 严禁超速行车和空挡溜车。

3. 严禁超载、超限、超负荷运行。

4. 严禁违章操作、酒后驾驶和疲劳驾驶。

5. 严禁穿拖鞋、超速、酒后、疲劳驾驶车辆。

6. 严禁客货混装、超载、超速、超车、超限。

7. 严厉查处“三超一疲劳”、违法载人、非法运营、冒险行船等各类交通违法违规行为。

Z

珍

1. 珍爱生命，拒绝酒驾。

注

2. 注意安全，防止刹车失灵，严防交通事故。

遵

3. 遵纪守法，严禁酒驾醉驾。

第十六篇　其他安全

D

道

1. 道德从点滴积累，文明从你我做起。

G

公

1. 公共楼道堆杂物，火灾逃生拦路虎。

国

2. 国家安全人人有责，美好环境家家受益。
3. 国家安全人人有责，家国情怀个个传承。

管

4. 管理制度标准化，现场管理标准化，工序作业标准化。

H

好

1. 好山好水好人家，富民富家富国家。

J

加

1. 加强应急科普宣传工作,提高公众安全防范意识。

2. 加强全社会安全文化建设,不断筑牢安全生产群众基础。

坚

3. 坚决摒弃只抓经营不抓安全生产的错误做法。

S

守

1. 守一方平安,保人民安全。

W

维

1. 维护社会稳定和安全,确保国家社会安全。